デザインリサーチ

●Ⅰ
田村裕＋臼井新太郎

●Ⅱ
中尾早苗

◉武蔵野美術大学出版局

序

　人は生活するうえで何らかのかたちでデザインと関わりながら暮らしている。

　道具をつくり，使い，計画を立て，モノを選び，配置すること。これらはいずれもデザイン行為であり，ためにデザインは人間にとって極めて身近で原初的な社会的行為だと言われるのである。

　私たちの暮らしをふりかえり，外に出て街にあふれているヒト，モノ，コトについて調査すること。人の多様な営みについて知ること，わかろうとすることは，デザインの原点を見つめ直すことであり，デザインリサーチの立脚点もまた，常にここにある。

　したがってデザインリサーチとは，自らが生きている〈生活世界〉との絶えざる〈対話〉に他ならず，私たちのかくありたいと願う気持ちの達成も，また生き難さを克服する手だても，この対話の延長線上に描かれるに違いない。

　さて，このテキストは，全体が2部立てになっており，第1部は「デザインリサーチI」の，第2部は「デザインリサーチII」の受講者を対象に書かれている。

　前者は「考現学」および考現学を応用したデザインリサーチの基本的な考え方と実践例について述べたもので，

　(1) 大正末〜昭和初期にかけて今和次郎らが行なった考現学の思想と方法論，

　(2) 1970年代以降に継承発展させた研究グループなどの活動，

　(3) 調査研究の具体例の紹介，

　の3本柱で構成されている。

後者は，「都市景観」に関する問題を多角的にとらえ，街並み景観調査をふまえた都市空間への新たな眼差しの発見と理論的構築を促すもので，
　(1)街並み景観のタイプ別分類,
　(2)私的原風景の探究,
　(3)東京を例とした街並み景観調査と都市の個性を形づくるもの,
について述べている。
　いずれにせよ本テキストは，受講者が今後実践していくであろう調査研究にあたっての「水先案内役」を果たすものであって，読んでこと足れりというものではない。
　言うまでもなくデザインリサーチは，それ自体として「鑑賞」されるような，作品ではあり難い。加えて調査データの集計・分析により，たちどころに疑問が解決されるというケースも稀であることをあえて覚悟しなくてはならない。むしろ繰り返し実践し，試行錯誤を重ねつつ，問題を深化・発展させてゆく動的なプロセスこそ，この２科目の共通の要であろう。言い換えれば，デザインリサーチの成果とは，人の営みのかたちをとらえることから出発して，問題を掘り起こし，そのテーマの核心に迫らんとし続ける調査者一人ひとりの探求心そのものに委ねられていると言えるのである。

田村裕

●デザインリサーチⅠ　目次

はじめに　8

第1章：今和次郎・考現学の方法を起点として
1. 考現学への道のり　11
2. 考現学の誕生　16
3. 考現学とは何か　22
4. 考現学の手法　25

第2章：考現学の復興と継承
1. 1970, 80年代の考現学再認識と研究グループの誕生　36
2. 1990年代以降・考現学の系譜, その多彩な拡がり　42

第3章：考現学の手法を生かしたデザインリサーチ
1. 武蔵野美大の学生によるフィールドワーク　48
2. 調査研究事例紹介　50
⟨a⟩街並みの記録と都市の調査──街の誘惑〜都市の体温を感じよう　51
⟨b⟩風俗調査──「表層」から時代の本質をえぐり出す　61
⟨c⟩人物行動調査──「人の行動」に意識的であれ　70
⟨d⟩その他──考現学に決まり事はない　79

おわりに　88

●参考文献●図版出典　94
●おすすめの考現学関連文献リスト　95

●デザインリサーチⅡ　目次

はじめに　*102*

第1章：街並み景観のタイプ分け
1. 自然景観からのアプローチ(盛岡市)　*103*
2. 都市景観からのアプローチ(横浜市)　*105*
3. 歴史景観からのアプローチ　*106*

a 萩市／b 愛媛県内子町／c 長野県楢川村奈良井宿　*107/108/109*

第2章：私の原風景　*115*

第3章：中央線沿線の街並み景観調査
1. 調査方法　*118*
2. 中央線沿線調査　*120*

a 国分寺調査／b 国立調査／c 立川調査／d 高円寺調査　*120/121/126/127*

3. まとめ　*127*

第4章：歴史性と地域性から見た街並み景観調査
1. 旧所在地調査　*134*
2. 下町, 山の手, 水系空間調査　*142*

a 下町調査／b 山の手調査／c 水系空間調査　*146/147/160*

3. まとめ　*168*

おわりに　*169*

●参考文献　*175*

デザインリサーチ I

はじめに

　唐突な質問だが，もしかりに今，あなたが「電車の吊り革のデザインを考える」としたら，自分がまっ先にどんな行動をとるか，想像してみてほしい。

　恐らく多くの人が，やおらスケッチブックのような紙を取り出してきて，「把手(輪)」の形を星形にしてみたり，色を鮮やかにしてみたりと，勝手気ままにアイディア・スケッチを始めるのではないか。

　もし，あなたがデザインを多少なりとも勉強してきた人ならば，いきなり描こうとはせずに，握り具合，手触り，素材，天井・床面・手摺との距離，寸法といったものをぼんやりとでも脳裏に映し出しながら，吊り革を人と列車との関係においてとらえるように描こうとするだろう。あるいはもっと視点を遠くに置いて，座席・網棚・出入口との位置関係，一個一個の間隔，車両全体から見ての個数・配置などを考えているうちに，今あるものが気になりだして，実際に電車に乗ってみるかもしれない。そして，吊り革の現状を見て，把手の向きには2方向あるとか，吊り革は振り子のようにブラつかないようにつくられているとか，「革」や把手を固定する留め金や留め方にもバリエーションがあるとか，広告のような付加価値物が付随しているものがあるといったことを発見するだろう。あるいは各地の交通会社や海外の例を調べて各々の地方性，国民性に気づくかもしれないし，アンケートや聞き取り調査を始めるかもしれない。

　このように，アイディアを固める前や制作過程での「現状調査とその分析」を一般にデザインリサーチと呼んでいる。企業などでは，新製品開発などを目的として，類似関連製品の市場調査や，ユーザーの

志向やライフスタイルの分析を行ない，製品のコンセプト設定やアイディア展開に結び付けるといったふうに，目的により様々な考え方や調査・分析の手法があると思うが，大筋では，変わりなかろう。

　だが，これらの多くはつくる側＝生産者の側の必要性によってつくられるプレ調査であって，商品をつくったあとのアフター調査を含むものではない。だから他方に，消費者の側に身を置いた人たちのリサーチがあって(「安全性テスト」に代表されるような実験や実態調査)，ときとして双方の意見はくい違う。片や企業利益を追求するものに対して，一方は消費者利益を守る「監視者」としての役割を担うからである(実際はこれほど単純ではないけれど)。

　さて，私たちが行なおうとする「デザインリサーチ」はどういうものかと言うと，つくる側，使う側双方の交差領域に立つ第3の眼としての調査研究である。「今見えている状態」を細かく観察・分析することで，発想を広げ，ときとしてつくる側にも，使う側にもフィードバックされ得るものである。それは，双方が切り捨てたり，気がつかなかった部分をすくい上げる作業でもある。

　例えば「電車の吊り革のデザインを考える」ときに，モノが正しく機能している状態ばかり思い描かなかったろうか。長い時間，誰からも握られていない状態，または使われたあとの吊り革の状態は見えていただろうか？

　モノは，一定の行為のためにつくられることが多いとはいえ，実際は，正しく機能してばかりいるとは限らない。握らない人や，握りたくても握れないお年寄りや子どももいる。握る場合でも，満員電車の中で次に座席に座ろうとしてポジション獲得のために利用する人，リラックスするためにもたれかかるように使う人など，様々である。真っすぐ立って片方の手の指を輪の中におさめるといった，行儀のよい(？)ふるまいは意外とされていないものである。

　このように，合目的性からずれていく領域を含めてわれわれの行動

や社会を観察すると，今まで，意図的な眼差しでとらえることがなかったもの，すなわち「見えているが意識化してとらえられていない状態」が，「地」から「図」へと反転して，鮮やかに立ち現れてくるだろう。

デザインリサーチⅠの意図することをまとめると，次のようになる。
1. モノと人との関わりを，フィールドワークを通じて，様々な角度から，立体的に観察・調査・記録する。
2. つくり手(専門家)と使い手(非専門家)の交差領域に立って考える。
3. 調査・分析をもとに，想像力を拡大させ，モノのあり方にフィードバックさせたり，広く私たちの生活文化について考えてみる。

フィールドワークについては，過去に今和次郎らが行なった「考現学」が好個の例となるだろう。すなわち本科目は，今和次郎と考現学についての認識と理解を深め，考現学的な手法を用いたフィールドワークによるデザインリサーチを実験的に行なっていくものである。そして，この場合，デザインとは，人間の生活の営みの中でつくられる造形物全体を指していることを付け加えておこう。

1. 郊外風俗雑景「途上商人雑景」1925(大正14)年頃

2. ゐねむりとヒル寝「丸ビル紳士ゐねむり状態」1927(昭和2)年

第1章：今和次郎・考現学の方法を起点として

1. 考現学への道のり

　左ページ下に考現学調査の例を2つ示そう。左は1925(大正14)年頃に，東京郊外でものを売り歩く途上商人を記録したもの，右は1927(昭和2)年，丸ビル内で居眠りをしている紳士をスケッチしたものである。[*1]

　この図に示されているとおり，考現学は今，目の前に見えている事象を克明に観察・記録して，科学的に分析し，研究する実践的学問として誕生した。これを行なったのは，当時早稲田大学建築学科の教授であった今和次郎(こん・わじろう)と，吉田謙吉(のちに舞台美術家)[*2]らである。彼らは，大正末期から昭和初期の代表的な日本人の行動と生活を精力的に採集・調査した。そのスケッチには，遠い時代を超えて語りかけてくるものがある。じっくり眺めていると，いつしか記録者の眼差しと重なりあい，彼らに導かれるようにして，描かれた人たちの暮らしぶりや心情の細部へとたどりつき，やがてこの「生活標本」の延長上に，今の私たちがあることを強く実感させられるのだ。

　いったい今和次郎とはどのような人物なのか。「デザイン」を学ぶうえでは迂遠(うえん)なことのように思えるかもしれないが，考現学を正当に理解するために大切なことなのでしばし聞いてほしい。

　今の略歴を簡単に記すと次のようになるだろう。

　「1888(明治21)年，青森県弘前市生まれ。1912(明治45)年，東京美術学校図按科(現東京芸術大学デザイン科)卒。美校で建築装飾を教え

ていた岡田信一郎のすすめで早稲田大学建築学科の助手となり，佐藤功一（大隈講堂の設計者）に師事。講師，助教授を経て教授となる。柳田国男らと交わり，農村・民家の研究を行なう。大震災後，バラック研究や装飾活動を行ない，のち吉田謙吉らと「考現学（モデルノロヂオ）」を始める。以後，服飾研究や家政論など研究領域を広げて多方面で活躍。1973（昭和48）年死去。全日本建築士会会長，日本ユニホームセンター会長，日本生活学会会長等を歴任。ネクタイを嫌い，いかなるときもジャンパー姿で通した」。

　今の業績を語るとき，とりわけ強調されるのは，その研究の多彩さと，アカデミズムの枠にとらわれない独創性である。事実その多彩ぶりは，晩年に出版された『今和次郎集』全9巻の表題（「考現学」「民家論」「民家採集」「住居論」「生活学」「家政論」「服装史」「服装研究」「造形論」）にも現れている。その研究の一つひとつを語るいとまはない。だが，彼が美校を卒業して早大助手となる1912（明治45）年から終戦の1945（昭和20）年まで（つまり24歳から57歳までの33年間）の足跡は，大きく3つに特色づけられる。(1)初期の民家研究，(2)都市風俗を記録する考現学研究，(3)東北地方などの農村住宅改善のための調査・指導であり，いずれも農村と都市の生活への強い関心である。

　1917（大正6）年の助教授時代，今は，師・佐藤功一と民俗学者の柳田国男の発起で結成された民家研究会「白茅会」の最初の会員となった。日本の民家研究の先駆けとして歴史に名を残す白茅会は，東京府下や埼玉などを調査し，翌年には「郷土会」と合同で，神奈川県津久井郡内郷村を調査。今は様々な風貌の家屋をスケッチし，平面図，透視図などを記録に残している。郷土会は，新渡戸稲造の自邸で開かれるサロン的な会で，柳田国男，石黒忠篤，小田内通敏，牧口常三郎，正木助次郎といった農政，地理，教育他，様々な分野の人びとが集まっていた。「地方学（じかたがく）」の提唱者で農政学者の新渡戸稲造，貴族院書記官長でかつては農商務省の役人として独自の農政論を展開していた柳田国男，

農商務省の農政課長でのちに農林大臣となる石黒忠篤[*5]との交流は，師・佐藤功一と共に，今和次郎に様々な影響を与えた。中でも民俗学に造詣が深く，渋沢敬三の親戚でもあった石黒は，今の民家研究を長きにわたり援助した。

　1919(大正8)年，今は，農商務省より農村住宅並に副業に関する事務取扱を嘱託され，石黒のもとで全国の農村住宅の視察調査を行なうのだが，これを始まりに，1921(大正10)年には開墾地の移住奨励に関する事務を嘱託され，また昭和初期の東北冷害を契機に広まった農村改善対策に参加するなど，国や同潤会などの農村住宅改善運動に関与していく。

　このように，今の農村における社会的な活動は，石黒を通じて日本の農政行政とからみながら展開していくのだが，一方，農村の旧（ふる）い伝承を主に採集する柳田民俗学とはしだいに距離を置いていき，都市風俗の研究へと向かっていくのである。

　その直接の転機となったのは，関東大震災である。1923(大正12)年9月1日，東京を襲ったマグニチュード7.9の地震は，近代化を急いでいた日本の首都に未曾有の被害を与えた。このとき今の住んでいた麹町富士見町の借家は破損し，戸塚町に移転。後始末を終えた3週間後から今は毎日，ノートと鉛筆を手に焼野原を歩き回り，復興の様子をスケッチする。これには東京美術学校の後輩であり教え子でもある吉田謙吉も同行した。

　「そこで人びとの行動，あらゆる行動を分析的にみること，そしてそれの記録のしかたについてくふうすること，そんなことが，あの何もない荒れ地の上の私を促したのである」(「考現学とは何か」[*6])。人々はどのように生活を立て直していくのか。それはあたかも原始住居の発生過程である「シェルター(避難場所)」「ハット(小屋)」「バラック(仮設住居)」の各段階を再現したかのような有り様であった。地震直後の浅草の観音堂の下にもぐりこんで避難したのを「シェルター」段階とする

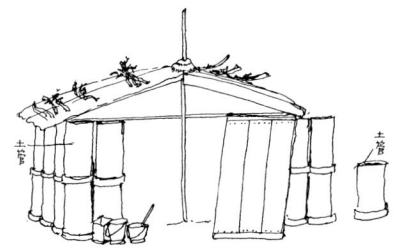
3. 震災スケッチ「土管を利用した小屋」1923(大正12)年

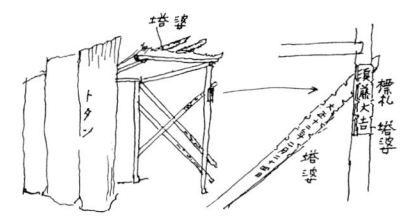
4. 同「塔婆の小屋」

5. 同「屋根文様のバラック」

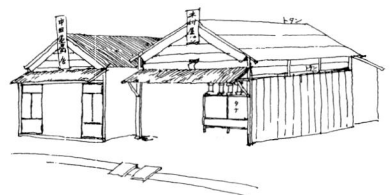
6. 同「たて看板を掲げたバラック」

と，今が採集を始めた数日間の光景は，焼けトタンや下水道の土管などを住処(すみか)に利用した「ハット」の状態であった。周りの自然の材料で，粗末ながらも住居の体裁をとる姿に，彼は人間の「突発的に働かされた英知の微細な動き」[*7]を見る。

　震災後ひと月近くの9月終りには，「バラック」が建ち並んだ(市調査課の9月末の調べではその数3万6000余戸，19万3600人が住んだという)[*8]。今の定義によれば，バラックは，流通経済の社会で要求されるもので，事業などのある活動を行なうための仮の住居である。商店バラックもあれば，市や区が設置した共同バラックもある。自ずとハットとは違った空気があり，家の材料や技術も，町家造りの手法が見られたり，屋根にコールタールで模様を描いたもの，板張りの節目の穴を木片でリズミカルに補修したもの，江戸時代の商家のように切妻の屋根に立て板の看板を掲げたものなど様々で，そこに反映されているのは「背景をなしている発達した社会からの作用」[*9]であった。

今は，被災者住家をスケッチしながら，一方で農村で見た光景との共通性を感じとる。農村の小作人の開墾小屋や樵小屋，あるいは震災前に四谷見附で見た車夫のたまり小屋は，まさしくハットであり，地主が小作人に支給している住家はバラック同然であったからである。彼は双方の住家構造や生活用具を比較しつつ，その改善のために，生活の最低の条件や，ハットまたはバラックの状態から標準住宅を所有するまでの要件(必要年数，坪数と住宅構造に応じた工費や経費等)などを具体的に示している。[*10]

　同時に今は，人間の本能的な造形感情として，「ハット」にギリギリの生活から生まれる「用」に即したむだのない造形力を，片や「バラック」に遊戯心や模倣心を見出し，いずれも人間の本能的な造形感情としてあると考えていた。そして，バラック風景にいっそうの華やかさと活気を与え，人びとの鬱屈した心を解放してくれる環境デザインとして，「装飾」(本来の意味から切り離した純粋な抽象パターン)を活用することを思い立つ。

　同年10月，今と吉田は，バラックにペンキで前衛的な装飾をほどこす「バラック装飾社」を設立。これには，吉田が所属していた装飾美術科団体「尖塔社」や横山潤之助らの「アクション」といった当時のアバンギャルド芸術家たちが参加した。すでに大正半ば頃から，芸術，デザイン，建築の分野では既成概念にとらわれない革新的な団体が相次いで誕生し，未来派やダダや表現派などの西欧芸術を吸収した造形活動を行なっていた。震災後しばらくは本建築の建設が許可されなかったこともあり，バラックは，まさに新興芸術家たちの路上のキャンバスであり，建築家たちのデザインの実験場となった。[*11]「バラック装飾社」は日比谷公園の開進食堂，神田神保町の東條書店，銀座のカフェ・キリンなどを手がけ，村山知義らの「マヴォ」[*12]も理髪店や書店などのバラック装飾を行なった。

　彼らの活動は短期間のうちに終わったが，こうした復興に向けての

「昂揚した明るさ」とでもいうべき情景を，銀座のカフェの常連で『女給』(昭和5年)の作家・広津和郎は，のちにこう回想した。

「自分が銀座から最も強い印象を受けたのは，大正12年の大晦日の銀座だった。東京の目抜きの場所といふ場所が，あの大震災で焼き払われてしまつた時，自分達は，毎日銀座の復興を見に行つたものだ。何しろ銀座の復興する事が何よりも嬉しかつた。子供のやうな心持で，明るい灯を求めてゐたに違いない。画家達がバラック街の装飾をするといふ新聞記事や，何や彼やが，何より自分の興味を惹いた。十字屋のバラック，銀座食堂のバラック，それから新しい画家達が設計したとか装飾したとか云はれてゐるカツフエエ・キリンのバラック――このカツフエエ・キリンのバラックは，昼間見ると，その装飾の美しさと奇抜さとが愉快だつたが，夜になると真暗になつて，折角の装飾絵もよく見えなかつた。(中略)今から考えると子供染みた感激ではあるが，その当時の東京市民で，大晦日に銀座に出た人は，地震後4月目であの銀座が華々しく復活した事に，みんな狂喜したものだつた」(「銀座と浅草」)。*13

2. 考現学の誕生

「一昨年，大震災のあった夏，震災以前からしきりに華美に傾いていた東京人の風俗を，ぜひ記録にとっておきたいと私は考えていた」(「1925年初夏・東京銀座街風俗記録」)。*14

急速に復興し，新たにつくられてゆく首都東京。衰微してゆくものと新興するもののうねりの中で，現代人の世相風俗を継続的に記録したいと思っていた今と吉田に，折よく『婦人公論』編集長(のち中央公論社社長)の嶋中雄作のすすめと協力申し出があった。*15

初の考現学調査が行なわれたのは，1925(大正14)年，東京銀座の街頭である。銀座は，モダニズムの発信地，流行先端の地であり，「日本

の都会生活の桧舞台(ひのきぶたい)*16」(安藤更生)であった。柳並木のそぞろ歩きは，刺激を求める若者たちの好奇心をかきたてた。

　調査には，今と吉田の他，多くの協力者が加わった。東京美術学校や早大の学生，月刊誌『住宅』の編集長の安藤正輝(のちの早大教授・東洋美術史家・安藤更生)，帝大社会学研究室の服部之聡，そして『婦人公論』の編集部員らである。

　期間は5月7日〜25日の7日間。調査区間は京橋から新橋までの銀座通り1キロで，主として西側の歩道が選ばれた。*17 調査者はこの区間を20分の速度で歩き，その途上，前から歩いてくる人を対象に記録するのである。データは調査項目ごとに採集カードにまとめられたが，そこには調査事項の分類絵(分類記号的なイラスト)，日時，調査者の歩いた方向(北行あるいは南行)，調査担当者名の記入が定められた。

　このようにして明らかにされた銀ブラ風俗の実態は，「1925年初夏・東京銀座街風俗記録」として『婦人公論』7月号に掲載。「統計」と「断片」の2部構成で，前者の執筆を今和次郎が，後者は吉田謙吉がそれぞれ担当した。「統計」の中の「銀ブラのコンストラクション(銀座通行人の構成)」には，時刻による人出の変化や東側と西側の人出の比較，通行人の職業・性別・年齢構成，ウィンドウをのぞく人と立ち止まっている人の割合などが図表でわかりやすく解説されている。

　次いで，「男の風俗」「女の風俗」「学生及び職人の風俗」の詳細が図入りで説明される。項目をあげると，「男の風俗」では，和服と洋服の比，洋服の色，外套，ネクタイ，手袋，着物と羽織の柄，履物，髭，眼鏡，帽子，携帯品など，「女の風俗」では，和服と洋服の割合，着物，着物と羽織の柄，衿の合わせ方，帯，帯止め，履物，スカーフの色，結髪，櫛，化粧，眼鏡，ハンケチの色，バッグ，傘，歩き方など，実に入念に調べあげている。後編の「断片」採集と合わせて見ても，いずれも，髪型・服装・持ち物といった「身なり」や，目や口の表情や歩き方，持ち方，ポーズなどの，「しぐさ・振舞い」に関する調査報告である。

そしてこの統計を分析する過程で彼らは，例えば銀ブラする女性の特徴として，「横目」で歩く人が多い一方「伏し目」がちの人も2割いることや，口を閉じて歩く人と開いて歩く人はほぼ同数であるといった発見をする。中でも「印象」「思惑」ほどあてにならないものはないと実感させられたのは，当時，銀座通りには多くの「モガ」すなわち洋装の婦人が闊歩していると思われていた印象が，間違いだったことであった。実際に統計をとってみたところ，洋装の婦人はわずか1％にすぎなかったからである。1928(昭和3)年の瀬戸内海べりの一寒村を描いた小説『二十四の瞳』(壺井栄)に登場する"おなご先生"の例を持ち出すまでもなく，女性の洋装が当たり前になるまでには，いまだ多くの歳月を要したのである。

　今と吉田は，この年の秋，「本所深川貧民窟附近風俗採集」に取り組む。当時の本所・深川は，今日からはおよそ想像もつかないのだが，「東京市全体の上にて，細民の最も多く住居する地を挙ぐれば山の手なる小石川・牛込・四谷にあらずして，本所・深川の両区なるべし」と横山源之助が1899(明治32)年にその著『日本の下層社会』で書いたように，職人，人足，日傭取りの多いスラム街として知られ，細民が宿泊する木賃宿も多く建っていた。今らが『新版大東京案内』で掲げた昭和4年現在の「市内細民世帯一覧表」でも，深川区，本所区はそれぞれ5,676世帯，3,569世帯と，東京市内で1, 3番目に多かったのである。

　銀座のときとは対照的に，調査者は少なく，今と吉田の他は新井泉男(美校の後輩，バラック装飾社の頃からの考現学グループの中心メンバー)と『婦人公論』の編集部員が協力した。

　調査区間は「本所と深川とにまたがっている中央の南北の大道路の，錦糸堀線の交差点緑町5丁目から猿江線の交差点徳右衛門町を過ぎて，深川西町に至る区間」。通行者の構成や，職人・人夫の上体衣，足衣(長ズボン，半ズボン，股引，ズボン下，裸脚の割合)，履物，婦人の

7. 1925年初夏・東京銀座街風俗記録「統計図索引」
1925(大正14)年

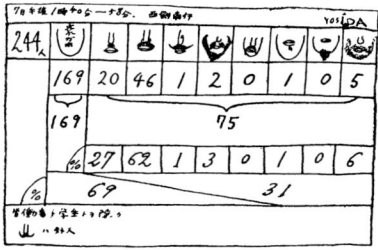

8. 同「髭」

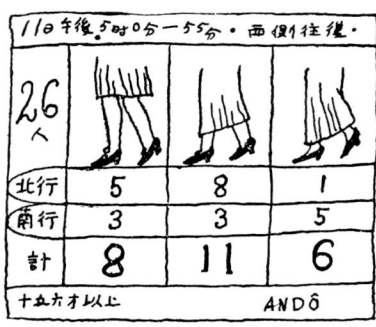

9. 同「男の履物」

10. 同「女の眼鏡」

11. 同「女の洋服の裾」

12. 同「眼の表情」

13. 同「化粧」

今和次郎・考現学の方法を起点として

髪の結い方，小学校女児の髪形，婦人の前掛けなどの頭髪・服装を統計的に調査している。また，吉田の断片採集では，「手拭いの巻き方」「弁当箱の持ち方・包み方」「半天のまくり方」「酒場の看板」「駄菓子屋の売り物」「セリ売りの技巧」などが報告されている。いずれも開けっぴろげの調査は不可能なので，ジャンパーのポケットの中で鉛筆を動かしながらのノート記録であったという。

さらに彼らはこのあと高円寺，阿佐ヶ谷などで「郊外風俗雑景」を採集。このときは仕事で出張中の吉田に代わり，新井泉男や，土橋長俊ら銀座調査を手伝った早大建築学科学生らが協力した。東京の都市は，サラリーマン層の増大や，郊外電車などの交通機関の発展，大震災による人口移動などを背景として，郊外へと規模を拡張していた[*22]。彼らは山の手でも下町でもない新興住宅地として，洋風家屋が目立ち始めていた中央線沿線に調査の手を伸ばしたのである。ここでは高円寺付近1キロメートルの通行人の構成や，阿佐ヶ谷〜高円寺の途上風俗，阿佐ヶ谷の住宅の和洋比率，朝の通勤電車と昼の乗客の風俗比較などの調査を行なっている。

これら「本所深川貧民窟附近風俗採集」は『婦人公論』12月号に，「郊外風俗雑景」は翌年，同誌5月号に発表された。

かくして，矢継ぎ早に「考現学3部作」とでもいうべき調査を彼らはなしとげた。またこれと並行して「下宿住み学生持物調べ」「新家庭の品物調査」「早稲田付近各種飲食店分布状態」などを精力的に採集・調査していった。

そのおよそ3年間の採集の成果は，1927(昭和2)年10月，新宿・紀伊國屋2階で公開された。題して「しらべもの(考現学)展覧会」。「蟻の歩き方」に始まり，「丸ビル，モダンガール散歩コース」から「東京めしやのサゲ看板」に至るまで項目は53に及んだ。展覧会目録の「附言」[*23]には「この展覧会はここ三年間私達のやった仕事の展示です。かかる仕事を私達は仮りに考現学と称して，考古学でやる方法を現代に適用

14. 本所深川貧民窟附近風俗採集「手拭いの巻き方，半天のまくり方，弁当箱の持ち方，破損した顔など」1925（大正14）年

15. 同「子供たちの弁当包み」

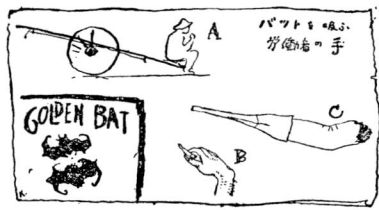

16. 同「ゴールデンバットを吸う労働者の手」

17. 郊外風俗雑景「買い物時のオンブ」1926（大正15）年頃

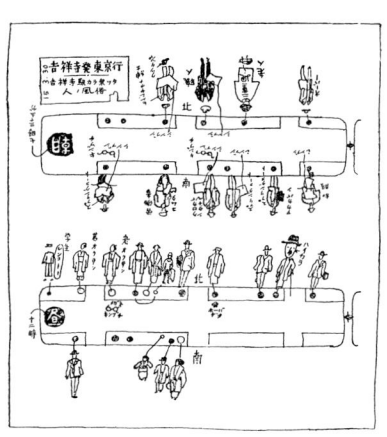

18. 同「省電内の風俗」

してみているのです。即ち現在眼前に見るいろいろのものを記録し，そのしらべの方法をどうやったらいいかに就いて努めている次第です」とあった。「考現学」の名前が使われたのはこのときが最初である。

また前記 3 部作は，1930 (昭和 5) 年にまとめて『モデルノロヂオ (考現学)』(今和次郎・吉田謙吉編著) として春陽堂から刊行された。これを読んだ作家・川端康成は，雑誌『改造』の「新刊批評欄」で取り上げ，「三四年前，吉田謙吉氏の『考現学採集手帳』を見て以来，考現学に非常な興味を寄せてゐた」と前置きして，こう評した。

「『考古学』の困難はその材料の少なさにある。しかし『考現学』の困難はその材料の多さにある。いかに多くの費用と，いかに多くの人を使つたとしても，『考現学』の材料を完全に集め得ることは，想像も出来ない。この本だけの材料の採集にも，著者の一人の吉田謙吉氏が，いかに蒐集狂的な努力を惜しまなかつたかを，私はよく知つてゐる。廣漠に，そして複雑に，刻々に生れ，また消えて行く，現代世相風俗に対して，『考現学者』が今後よりよく戦ふことを，私は切に希望する」(「今和次郎，吉田謙吉両氏編著の『モデルノロヂオ』」)[*24]。

3. 考現学とは何か

考現学とはいかなる学問なのかについては，今自身が「考現学とは何か」[*25]と「考現学総論」[*26]の中で述べている。以下，これらを参考にして，話を進めよう。

前述したように，考現学の名は「しらべもの (考現学) 展覧会」の際に，在来の「考古学」の対概念として考案された造語であり，「現在われわれの眼前にみる生活のなかにある事象を対象として記録考究する」[*27]意味の学問である。

では，彼は当時の生活の様相をどのようにとらえていたのか？

「考現学総論」の中で，彼は 20 世紀の生活を象徴するキーワードと

して,「合理化,理論化」の出現を挙げる一方,「みごとにも混沌としているところの現代生活」と書いた。すなわち,18世紀以前の封建時代の「一国王一スタイル」や,19世紀ナポレオンの時代の古代ローマスタイルに見られるような,考古学的発見を反映しての「一世を風靡するがごときの生活様式の提唱」はすでに破綻し,代わりに「合理化の運動とでも名付けられる」新たな侵略者が台頭して,今までの生活様式を規定する観念を打ち砕きつつあると見る。

科学や技術,産業などの発達と市民層の育成,思想の醸成は,人間の生活意識を根底からくつがえした。しかし,「合理化の運動」が他のすべてを駆逐したのではない。「なおいまだ慣習的社会からうけついだ伝統においてのみ生活せんとする人があり,また気分を主とした安易な自由さのみに生活せんとしつつある多衆があり,科学的な理論的な生活を求めてすすまんとする人びとがあり」様々である。したがって,われわれの「現代風俗の研究」=考現学とは,そんな「異なる面容の人びと」が,今後どのように,どれほどの混合の割合で進んでいくのかを観察する学問である,と今は言う。[28]

求心力を持った価値観が次第に相対化していく社会において,風俗・流行の伝播の仕方,法則を調べあげること,それはまさに,様々な因子が重なり合い,複雑に肥大化する「都市」の表層において,社会(世界)の秩序づけがどのような形をとってゆくかをとらえることであり,その視点は今日なお新鮮さを失わない。

今の思考法で特徴的なのは,こうした表層現象を,連続する動きや場(空間)の中で立体的にとらえようとすることであり,例えば,それは,「考現学とは何か」の中の研究対象の記述においても顕著である。これは私たちが考現学的な調査を試みるうえにおいても重要な箇所であるので,以下に要約して記そう。

*

考現学のこれまでの「研究範囲」を分類整理してみると,次のような

項目に分かれる。

「1 人の行動に関するもの，2 住居関係のもの，3 衣服関係のもの，4 その他」である。

1は，目的のあるなしにかかわらず今まさに動いている状態，また一つ前の行動のつらなりとして今ある状態，さらに外部的な要因がはっきりと認められる状態など，よく観察してみると様々な形として目に現れている。だから採集項目としては，外部的な強制力が働いていない純粋な散歩的な行動，労働などの産業や職業に関する行動，集会など人の集まる場所での行動，文化的あるいは趣味的な鑑賞・観覧に関する行動などが対象になるだろう。

そして，それらの行動を観察する場合，人の仕草，身ぶりはもちろん，状況や場所，男女・年齢・職業・階層による違い，仕事と休養の行動状態などが細かく調べられなくてはならない。

2と3の住居・衣服関係の調査は，家庭の持ち物調べのようなモノを主とした観察の場合，考古学者が遺跡・遺物に向かう態度のように微細に記録し，図や表に起こしていく。それによって各々の階層・各職業の人の消費品目を調べることができるだろう。

また，さらに衣服関係の調査は，それらのモノがどんな状態で使われるか，髪形やお化粧などの粧いがどんな場面で生かされるかといった状況との関連で見ることが大切だ。そう考えると，それは先程の人の行動に関する調査と関連してくる。例えば，ある通りには，時間帯によってどんな性別・職業・年齢の通行人がいるかといった，予備調査にもとづいて衣服のスタイルを集計し，分析されなくてはいけない。

*

ここで重要なのは，調査対象である人の行動やモノをあくまで生活の脈絡の中でとらえようとする姿勢である。考現学は，際立った風俗を調べあげるトレンド学ではない。「化粧」や「服装」にしても，「机上」のサンプルとして取り上げ，ブランドや値段やデザインの善し悪しを

云々するものではない。どんなものが，いつ誰によって，いかなる場で効果的に使われているのか，様々な場で対比的に観察することで，人間の生活の有り様をとらえるのである。社会学者・佐藤健二は考現学の観察を推理小説に出てくる探偵の眼にたとえたが，現場を徹底的に調べ，そこから行動や心理の因果関係を導き出すやり方は，確かに共通するものがあると言えるだろう。[*29]

4. 考現学の手法

　では，考現学調査の「方法」とはどのようなものであったか。簡潔にまとめると次の4つになる。
(1)採集手段……観察と筆記，スケッチ，写真などで，その採集結果物は「調査票」へ書きこまれる。
(2)観察(研究)態度……考古学の発掘研究と同じように「常に客観的立場をとる」ことが肝要である。主観に陥らない科学的な調査を行なううえでも，また調査者が調査対象の側に感情移入して「ミイラとりがミイラにならない」ためにも，守らねばならない。
(3)集計・統計化……集められた「調査票」は項目ごとに集計して，極力数値的な「統計」にとる。
(4)比較・分析……得られた統計を同類・異質なものと比較し，その関係を考査したり，他のエリアと比較や，同一エリアでの経年比較など，多面的な考査を行なう。
　このうち(3)(4)の「統計」と「比較」は，今が繰り返し強調してきた考現学調査の要になる部分だが，とりわけ，統計の(分類)項目の立て方には，工夫が必要だと今は言う。
　例えば，部屋の隅のくずかごの中身を統計化する場合，「a，日本紙，b，西洋紙，c，新聞紙，d，何々」ではその部屋にいる人の生活様相が細かく見えてこない。だから「a，糸くず，b，手紙のかきかけ，c，鼻紙，

b，新聞紙片，e，商店の包み紙，f，髪の毛，等々のようにしなければならない」[*30]。よって，精細な意味をもたらす項目は，「その調査の現場において統計項目の伝票がつくられなければならない」[*31]のである。

　これは，生活者の特色が顕著に現れる調べ方をするためには，調査項目についての吟味が大切なのであって，そのための試験的な予備調査と，調査票の工夫が必要なことを示している。言葉で言うのは簡単だが，重要かつ最も頭をひねる部分である。

　いずれにせよ，新興の学であり短命に終った考現学は，「方法の学」として様々な方法を開発したが，確立した「方法論」があったわけではない。しかも今は，その調査項目の設定の仕方についての細かなノウハウや，調査票はどのようにつくるのがいいのかなど，具体的な説明はしていない。「考現学」を実践するためのマニュアルは存在しないのである。したがって常に調査者自身が，新たに，それぞれのケースにおいて判断し，ノウハウを積み重ねていかなくてはならないのだが，幸い私たちには今らが残した研究の遺産と，次章に述べる考現学から派生した研究報告の数々がある。それらから学び，また独自の方法を考え，生み出すのも大切な研究である。

　また，民俗学や社会学，文化人類学，生態学など，類縁の学の「方法」に学ぶものも多い。

　社会心理学者の井上忠司は，風俗観測に有効な方法として，生態学で活用されている簡便な調査方法として，定点観測の一つとしての「クォドラート法」と，移動観測としての「トランセクト法」を紹介している（『風俗の社会心理』）[*32]。野生動物などの生態調査や資源量調査での「目視」による調査には，これらの観測法が有効に活用されている。

　定点観測は，文字どおり観測者が一定の場所に位置して，そこから対象を観測するものである。天体観測やかつての気象観測船を思い出していただくとよい。

　これに対して，（ライン）トランセクト法（線状調査法）は，広い地域

に分布していて密度が小さく，動き回る動物などに対して開発された調査法だ。近年では鯨の資源量調査に用いられているこの方法は，あらかじめ設定された調査線上を観察者が一定速度で移動して，調査線付近の観察幅で発見されたものの数を収集し，その個体密度から一定領域の個体数をおしはかるのである。

　今たちが初めに行なった銀座，本所深川，郊外風俗(高円寺付近の通行人構成)調査は，後者の「移動観測」に相当する(もっとも今自身は，定点観測のことを「待ち伏せ式」「立ちん坊方式」，一方の移動観測を「歩きながらやるやり方」と，極めてくだけた表現をしているのだけれど)[*33]。その調査線の距離と速度を次に示そう。

銀座＝銀座通り・1キロ(3 Km/h)／本所深川＝西町〜緑町5丁目・1.2キロ(3.6 Km/h)／郊外風俗＝高円寺駅から南へ・1キロ(3 Km/h)

　ただし，この移動観測は，観察者の個人差により調査情報に差が出やすいのが難点である。例えば，歩行速度の問題。一定速度が保たれる列車や船などからの観察でないかぎり，歩行速度に個人差が出るのは避けられない。事実，銀座調査の調査票を見ても，片側約1キロを20分で歩くところ，調査者によって，プラス・マイナス各々5分程度の差が出ている。具体的に言うと，「KON(調査票のイニシャルで今和次郎のこと)」や「暁一」は早すぎ，「倭文子」，「ANDO(安藤更生)」は遅い部類に入る。「ANDO」が5月11日夕方に行なった女性の服装調べでは，「スカートの長さ」と「靴下」に27.5分(往復55分)，「ハンケチの色」には30分もかかっているのである。したがって，「厳密に言えば」の話だが，この所要時間による誤差のあることを逐一明記しておかないかぎり，他のサンプルと総合して統計をとったり，互いに比較する場合に支障をきたしてしまうのだ。

　もっとも，そうは言っても，観察の方法は，調査する対象とその目的，そして何より現場の状況によって，選ばれなくてはならない。人が混み合う街路では特に，「記録のしやすさ」と「じゃまにならない，目

立たない」ことが優先されるため，観測手段も自ずと限定されるのである。

　移動観測は上記のやり方のみではない。動く対象を追跡しながら，その軌跡を記録する「尾行調査」も含まれる。人はいないがその痕跡を観察した「自転車の置き方」[*34]（1925［大正14］年）「煙草の吸殻収集報告」[*35]（1928［昭和3］年）などは，生態学での哺乳類調査に使われる「フィールドサイン調査」を思わせる。つまり，足跡，糞など哺乳類の残した痕跡から種を識別し，行動を読む方法で，これなども広く言えば，移動観測となろうか。

　考現学における定点観測の例としては，街路の特定場所から通行人の服装を調べた1928（昭和3）年の「小樽市大通（花園町）服装調査」[*36]や，三越正面入り口において，出入りする人の構成，服装，化粧などを調べた「デパート風俗社会学」[*37]（1928［昭和3］年））がその代表だろう。

　なお，今は「小樽市大通（花園町）服装調査」の中で，自分たちの調査方法について，アメリカのナイストロム教授が行なった流行現象の商業学的研究と比較し「ナ教授の方法は，街頭の一定地点に停立して一項目のカードの担当者が，時間を単位とせずに人数を単位として採集する方法をとっているのですが，私たちの方法は時間を単位としているのです」[*38]と述べ，前者の，数をあらかじめ決めて，それが得られるまで観測を続ける方法は，採集物品そのものの形式材料などを調べるにはいいかもしれないが，風俗事象としてそのものをとらえるには時間を単位とする方法が基本的には適切ではないかと書いている。

　例えば，いくつかの地点で，「髭の形状」を集めて，その形状を分類比較するのが目的であれば，前者の方法が適切だが，その場において「髭をはやしている人はどの程度いるか」といった流行の程度（密度）をおしはかる目的においては，時間を単位にするほうが適切である。これは，調査目的によって，採用する手段が異なってくるという意味で，私たちが調査を行なううえでの参考となろう。

井上忠司は，先の著書で，「時間」を単位とすることで観測が厳密になり，さらに「同時観測」の道が開かれたと指摘する。今和次郎の指導の下，『婦人の友』の友の会会員によって行なわれた1937(昭和12)年の「全国19都市女性服装調査報告*39」は，5月1日の午後3時から4時まで，いっせいに調査。婦人の洋服着用率では東京が全国平均をわずかに下回っていた(25％)という事実もこの調査から発見されたのである。

　ところで，柳田国男は『民間伝承論』において，民間伝承の採集法を3つの種類，すなわち(1)目の採集…生活外形(2)耳に聞こえる言語資料の採集…生活解説(3)心の採集…生活意識，に分けたが，考現学調査の「方法」は，この「目の採集」にあたり，聞き取り調査などは行なっていない。

　モノや人を対象とする目による観察であるかぎり，その採集・調査にスケッチは極めて重要である。調査対象の効果的なとらまえ方は，ストレートに図(スケッチ)の表現方法と関係するからである。

　「スケッチは便利である，眼は廣角レンズにも自由がきくし，ぢやまものを除けて主眼点だけをかけるし，場合によつては実景から立面図にかき起せる」(「民家スケッチ集*40」)。

　社会学者の佐藤健二は「考現学の方法群ともいうべき採集・分析の工夫」について，下記のように，特徴的な9つの分類を挙げた(『風景の生産・風景の解放*41』)が，これらの分類を実際の調査スケッチと対応させて眺めてみると，観察者自身が，どのようにめまぐるしく視線を動かし，様々な角度から対象をとらえようとしていたか，鮮やかに浮かび上がってくるのである。

1. 見わけて数える／分類統計法…「東京銀座街風俗記録」
2. 測って想像する／鳥の目・虫の目法…「井之頭公園自殺場所」
3. 見通して比べる／重ねスケッチ法…「女人の髪のクセ」
4. 記号に直して考える／記譜法…「銀座通行人のリズム」「盆踊りの図」

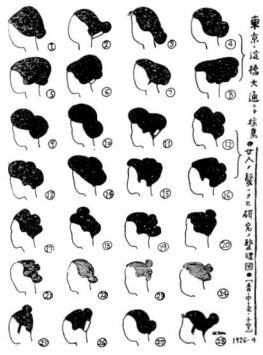

19. 東京淀橋大通り採集「女人の髪の癖」1926(大正15)年

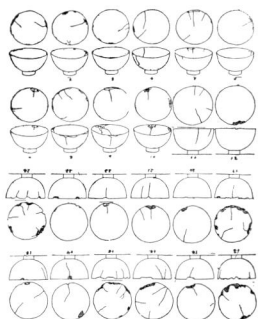

20. カケ茶碗多数「某食堂のカケ茶碗調べ」調査年不詳

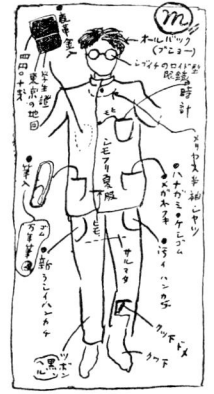

22. 下宿住み学生持物調べ「服装とポケットの中の品物」1925(大正14)年

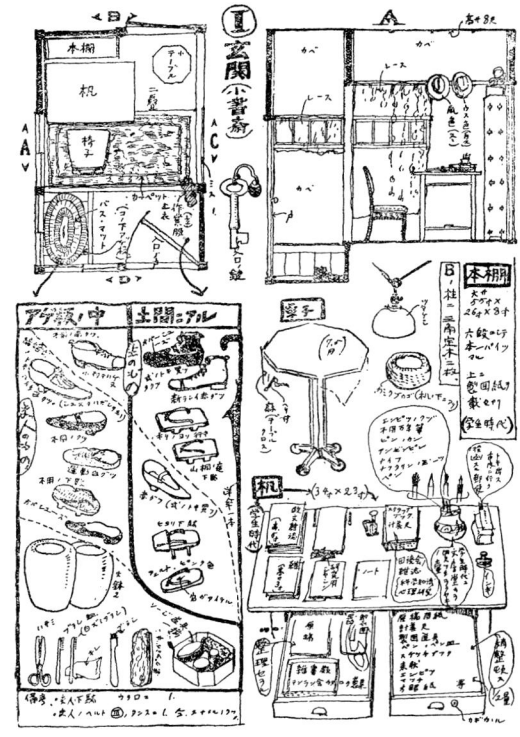

21. 新家庭の品物調査「新婚家庭の玄関と小書斎にあるもの」1925(大正14)年

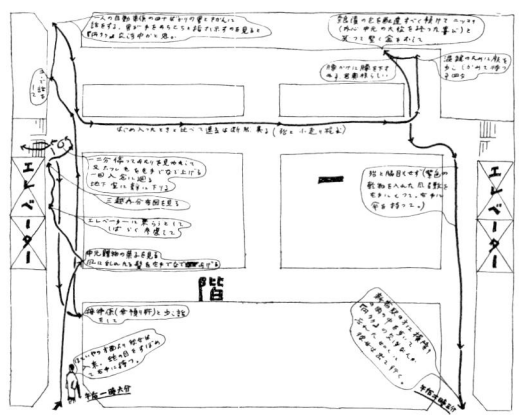

23. 新宿三越マダム尾行記「新宿三越1階での行動」1931(昭和6)年

5. ひとつ残らず書き上げる／徹底書き上げ法…「無産者児童　冬の服装」
6. 症状を読み取る／破損解読法…「洋服の破れる個所」「某食堂のカケ茶碗」
7. 位置をとらえて地図にする／生態分布図法…「井之頭公園自殺者分布」
8. 動きをとらえて地図にする／生態尾行法…「三越デパートマダム尾行記」「横浜ダンスホール」
9. 場所ごと人を調べあげる／所有全品調査法…「新家庭の品物調査」「下宿住み学生持物調べ」

　鳥の目・虫の目法や，動線記録などの記録法は，単独の調査が可能で，その結果はストレートに私たちの眼を楽しませてくれる。こうしたグラフィカルな表現はある程度の訓練が必要だが，定点観測などによる，数えて統計をとる方法は，調査人数が必要な反面，いつでも誰でも何度でもできる簡便さが魅力である。

　人間の行動や生活は，身辺のことでありながら，多義的で，あいまいで，刻々と変化していくため，その実態はとらえにくく，わかりにくいものとしてある。考現学の方法は，そのわかりにくさを誰にでもすぐわかるような図表に変換していく。それは，ともすれば「即興的であり，随筆的であり，またスケッチ的」[*42]（川端康成）ではあったが，抽象的な「記号の羅列」である数理的で専門的な「統計」に対し，多くの人に受け入れられる開かれた構造を持っていた。

　「われわれの仕事には，赤，白，黒，いかなるイデオロギー人でもはいってこれる。それは個人邸宅の客室のような構えではなくて，あたかも停車場の待合室のような状態だからである。現にわが考現学同志そのものも，いわゆるひとつの旗のもとに集まっているのではない。各自は各自のままに歩いていて，ただときどき待合室然たる考現学の卓に集まるだけなのである。（中略）近き将来においてかの土器や石器

24. 早稲田・慶応・帝大〔現・東大〕ぐるり調べ「早稲田大学附近直径1キロ内の学生関係商店分布」1926(大正15)年

25. 本屋さんの立読み「丸ビル本屋の立読み手の具合」1927(昭和2)年

26. 帯のしめ方「街頭 帯のしめ方」1927(昭和2)年

いじりをやっている考古学徒の何倍，何十倍，何百倍の人びとをわれわれの仕事のもとに集める可能性がある」(「考現学総論」)。*43

　しかし，この考現学宣言のような自信と気負いとは逆に，1931(昭和6)年に早大の出張命令による海外視察から帰国して以降，今による採集調査はほとんど見られなくなる。吉田らによって独自な採集はその後も断続的に続いたものの，組織的な活動は止み，今和次郎の活動は，農村の生活改善指導や服装研究へとシフトしてゆく。「学」としての考現学は不完全燃焼のうちに終ったのである。

●註
1―今和次郎・吉田謙吉編著『モデルノロヂオ(考現学)』(春陽堂　1930年)
2―1897(明治30)～1982(昭和57)年。東京美術学校図按科在学中に今和次郎に学び，バラック装飾社や考現学の活動をともに行なう一方，大正後半の新興芸術運動に参加。また，舞台美術家として，築地小劇場をはじめとする数多くの舞台装置を手がける。
3―ドメス出版刊　1971～2年
4―1898(明治31)年に『農業本論』を著した新渡戸は「地方学」の必要を訴え，1907(明治40)年の第2回報徳例会の講演で，自らの考えを述べた。これを聴衆の一人として聞いていたのが当時法制局参事官の柳田国男である。柳田は新渡戸に触発されて「郷土研究」の集まりを開いた。また，その柳田も，全国農事会の幹事として，農村問題に関する講演を各地で行なっており，同年，愛知県農会での「小作料米納の慣行」と題する講演内容に大きな刺激を受けたのが，石黒忠篤であった。
5―1884(明治17)～1965(昭和40)年。東京帝国大学法科大学卒業後，農商務省に入省，以後一貫して農政行政に携わる。農林大臣を2度経験。地主に対する小作人争議が相次いだ大正中期に，農政課長に就任。小作立法の実現に情熱を傾け，農家の実態を調査するため全国規模の「小作慣行調査」などを行なった。今和次郎に全国の農村を廻るよう強くすすめたのは石黒である。今は，石黒の人柄を「非官僚的」で「日本国中の農村のことなら，胸の中に，いっぱいたたみ込んであるという達人」と言い，「活字の学問でない，生きた学問をつかんでいるのが，わが石黒先生だ」(『後援会叢書』1955年)と評した。
6―「考現学とは何か」(1927年)今・吉田前掲1，今和次郎著『考現学　今和次郎集　第1巻』(ドメス出版　1971年)所収

7—「震災バラックの思い出」(1927年),今和次郎著『住居論　今和次郎集　第4巻』(ドメス出版　1971年)所収

8—『東京朝日新聞』(1923年10月4日)

9—「バラックについて」(1925年),今前掲7所収

10—同上

11—藤森照信・初田亨・藤岡洋保編著『失われた帝都　東京　大正・昭和の街と住い』(柏書房　1991年)には,バラック装飾社による「カフェ・キリン」や,マヴォがレリーフとインテリアを手がけた赤坂の映画館「葵館」など,表現派やセセッション風のバラック建築の写真が掲載されている。

12—1923(大正12)年,村山知義,柳瀬正夢,尾形亀之助,大浦周蔵,ブフノワらが結成した前衛芸術グループ。マヴォ理髪店や森江書店などのバラック装飾を手がけた。「私たちはバウハウスの人たちが,マグデブルグを町ぐるみ表現主義化したのにならう意気込みで,朝から梯子やペンキの罐をかついで走り回った」(村山知義著『演劇的自叙伝　第2部』東邦出版社　1974年)

13—『中央公論』(中央公論社　1927年4月号),『《復録版》昭和大雑誌・戦前編』(流動出版　1978年)所収

14—今・吉田前掲1,今前掲6所収

15—探偵小説家・夢野久作は『九州日報』の記者時代に,震災1年後の東京を取材し,「街頭から見た新東京の裏面」を紙面に発表(「街頭から見た新東京の裏面」1924年,『夢野久作全集2』ちくま文庫)。「バラックの海」と化した一帯を眺めて,復興への涙ぐましいほどの心強さとうれしさを感じる一方,その千変万化なバラック表現に「江戸」=古く奥ゆかしきものの衰亡と「新東京」の浅薄さを嗅ぎとっている。久作は新東京の世相・風俗を活写し,東京人の堕落ぶりを糾弾したが,まさにその堕落の諸相こそ,今和次郎が記録したかった現代の姿であり,今日我々の社会につながる都市文化の原像でもあった。

16—安藤更生著『銀座細見』(中公文庫　1977年)

17—大型デパートのある東側よりも,人出の数が比較的一定しているため。

18—横山源之助著『日本の下層社会』(岩波文庫　1949年)

19—当時の本所区(現江東区)は,東京市では浅草区に次いで人口の多い区域であり,工業地区のため,工場労働者や職人の多い町であった。大震災での被災者の数は圧倒的に多く(焼失面積95%),震災後すぐに,賀川豊彦が「基督教産業青年会」を設立して被災者救護にあたったのも本所松倉町であり,また,今和次郎が1924(大正13)年に設計を依頼された帝大セツルメントの建物も,同じく本所の柳島元町にあった(バラック装飾社の仕事に共感した帝大セツルメントの末広厳太

郎や服部之総らが彼らに建築設計を依頼したもの）。
20―今和次郎編『新版大東京案内』(中央公論社　1929 年)
21―「本所深川貧民窟附近風俗採集」(1925 年)，今・吉田前掲 1，今前掲 6 所収
22―大正～昭和初期にかけて，新興サラリーマン層(中産階級)などが建てた洋風家屋は，「文化住宅」と呼ばれ，流行語にもなった。また，田園調布に代表されるように，私鉄各社も郊外へ路線を拡張し，沿線エリアを宅地造成して，文化住宅を売り出した。
23―「しらべもの展の目録」(1927 年)，今前掲 6 所収
24―『改造』1930 年 10 月号，川端康成著『川端康成全集　第 24 巻』(新潮社　1982 年)所収
25―「考現学とは何か」(1927 年)，今・吉田前掲 6，今前掲 6 所収
26―「考現学総論」(1931 年)，今和次郎・吉田謙吉編著『考現学採集(モデルノロヂオ)』(建設社　1931 年)所収，今前掲 6 所収
27―同上
28―同上
29―「4　技法の翼にのって――方法としての考現学」，佐藤健二著『風景の生産・風景の解放』(講談社　1994 年)
30―今・吉田前掲 26，今前掲 6 所収
31―同上
32―井上忠司著『風俗の社会心理』(講談社　1984 年)
33―「郊外風俗雑景」(1926 年)，今・吉田前掲 1，今前掲 6 所収
34―「自転車の置き方」(1925 年)，今・吉田前掲 1 所収
35―「煙草の吸殻収集報告」(1928 年)，今・吉田前掲 1 所収
36―「小樽市大通(花園町)服装調査」(1928 年)，今・吉田前掲 26 所収
37―「デパート風俗社会学」(1928 年)，今・吉田前掲 1 所収
38―前掲 36
39―「全国 19 都市女性服装調査報告」(1937 年)，『婦人公論』1937 年 6 月号
40―「民家スケッチ集」，民家研究会編『民家』II-6-7(民家研究会　1938 年 7 月)
41―佐藤前掲 29
42―「今和次郎・吉田謙吉両氏編著の『モデルノロヂオ』」(川端前掲 24)
43―前掲 26

第2章：考現学の復興と継承

1. 1970, 80年代の考現学再認識と研究グループの誕生

　昭和初期に終局した考現学が，再び見直されてきたのは半世紀近くあとの1970年代である。

　1971(昭和46)年から翌年にかけて出版された『今和次郎集』全9巻(ドメス出版)は，今の慧眼に満ちた思想と研究を広く知らしめる契機となった。'72年，全集の編集・解説執筆にあたった学者らを主な発起人として，考現学の手法を継承発展させた「日本生活学会」が発足。今和次郎自身を会長として誕生したこの学会は，翌年の彼の他界後も，吉阪隆正，川添登ら直系の弟子たちによって支えられ，月例研究会，研究発表会，公開講演，出版活動など，今もさかんな活動を行なっている。

　同じく考現学を継承するものとして，1976(昭和51)年に「現代風俗研究会(通称現風研)」が，「ひろく現代(明治以降)風俗に関する理論的ならびに歴史的研究をおこなうこと」を目的に発足。桑原武夫を初代会長に，鶴見俊輔，多田道太郎，橋本峰雄，井上俊，井上忠司，山本明など，京都大学人文研と思想の科学研究会のメンバーを中心に，京都を拠点として活動を展開した。「表層」にこそ日本の思想の「核」があるとし，日々刻々と変化する風俗を「ミミズのように大地をはいながら，しかも鳥のように大地を見下す」(多田道太郎)複合した視点によってとらえようとするこの研究会は，若手研究者を育てつつ，世代交替を経ながら今日に至っている。

現代人の生活の実態を明らかにし，これからの生活の探究と創造を行なう「生活設計の学」として方向付けられた「日本生活学会」が，近世中期以降に形づくられ，定型化を経て，変貌を遂げた日本人の生活構造が，「最終的に解体されつつある」ことへの危機感を根底に持っていたように，1970年代は，高度経済成長を経て，私たちの生活周りのモノや生活意識の転換期にあった。モーレツ社員から「脱サラ」へ，三無主義，レジャーの時代などの流行語が示すとおり，核家族化，電化製品の浸透，生活時間のゆとり化などを通じて，ライフスタイルや家族や労働，消費，娯楽に対する観念が大きく変わってきた時代である。
　また，サブカルチャーの時代として様々な生活文化がクローズアップされるようになったことも，考現学が当時の知識・文化人や学生の共感を得た一つの要因だろう。例を挙げると，替え歌，絵馬，遊びなどの「素人がつくって素人が受け取る」日本文化の豊かさに着目した鶴見俊輔の「限界芸術論」や，「いかもの，まがいもの」として扱われてきたマンガ，ブロマイド，大漁旗，銭湯のペンキ絵などにラディカルでしたたかな庶民の美意識を見る石子順造の「俗悪の思想」「キッチュ論」。そして，権力者や上層階級などによって確立する「中心構造」と，下層階級やアウトサイダーなどによる「周縁構造」の二項対立に着目し，その交替と循環・変動を説いた山口昌男の「中心と周縁論」。さらに「辺境論」「放浪芸」「民芸」など，俗悪なもの，下手なもの，庶民的なもの，周縁と見なされてきたものの見直しがいっせいに始まったのもこの時代の特徴である。加えて記号論や日本文化論など，外側(世界)からの視点で文化をとらえ返そうとした場合，学問の「専門分野」の枠組みを超えた交流が必要となり，シンポジウムや学術交流の場が拡大したことも見逃せない。
　逆転の思想，既成の枠にとらわれない自由な視点，徹底した庶民感覚，人間に寄せるあたたかい眼差し……これら今和次郎の真髄にふれる魅力は，'70年時代に，超高層ばやりの現代建築に背を向けて，街と

ともに今なお生き続ける西洋館や，建築史の中でさえ問題にされなてこなかった商店建築の一様式である「看板建築」をひたすら調査していた若き藤森照信たち＝建築探偵団の心を揺さぶりはしなかっただろうか。あるいは，はるか'60年代に「表現」としての芸術と訣別し，高松次郎らと組織したハイ・レッド・センターでのハプニングに象徴される「路上の芸術」時代を経て，美学校で「考現学」講座を設け，「路上の観察」へと向かっていく「前衛」芸術家・赤瀬川原平とその仲間たち＝トマソン観測センターの眼を，絶えず刺激していたに違いない。

　1986(昭和61)年，地上げ屋とポストモダニズムが世を騒がす中，「建築探偵団」と「トマソン観測センター」が合流し，「路上観察学会」を設立。藤森照信，赤瀬川原平，南伸坊，松田哲夫，荒俣宏，杉浦日向子，四方田犬彦，森伸之，とり・みき，一木努，鈴木剛，田中ちひろなどで結成されたこの会が，陣内秀信，前田愛，川本三郎，松山巖らの著作とともに'80～'90年代の都市論，東京論，街歩きブームの火付け役・推進役となったことはいまだ記憶に新しい。

　このように，今和次郎の考現学を母体としつつ，日本の生活学の総合的な研究へ向かう学者たちが「日本生活学会」へ，文化の表層にこだわり続けることで，日本人の思想の根幹へとたどり着こうとする流れが「現代風俗研究会」へ，本来生活の内側にありながら，ときとして刺激的な非日常が顔を覗かせる「物件」の採集に活路を見出そうとする者たちが「路上観察学」へと向かい，それぞれに活動を展開していったのである。

　以下に，これらグループの補足説明を記す。

●日本生活学会(会長・足立己幸)
　1972(昭和47)年，発足。初期の理事・会員に川添登，竹内芳太郎，宮本常一，籠山京，中鉢正美，吉阪隆正，佐々木嘉彦，梅棹忠夫，伊藤ていじ，高取正男，一番ヶ瀬康子，加藤秀俊，米山俊直，石毛直道

27. 日本生活学会「巣鴨とげぬき地蔵・服装の内外」1987(昭和62)年

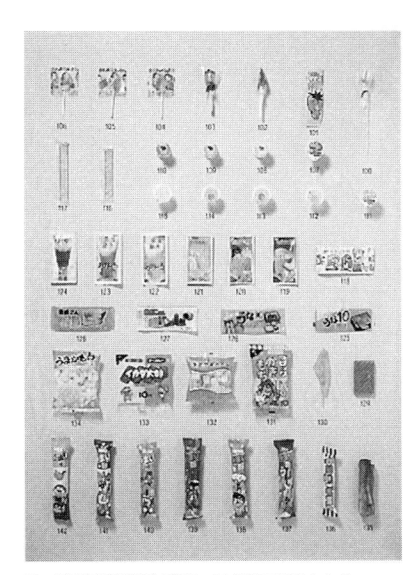

28. 現代風俗研究会「貧乏・10円玉で買えたもの」1989(平成1)年

29. 赤瀬川原平他「トマソン第1号(四谷の無用階段)」1972(昭和47)年

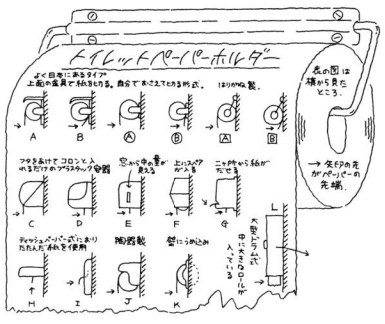

30. 林丈二「ホテル考現学ヨーロッパ篇・トイレットペーパーホルダー調べ」1984(昭和59)年

考現学の復興と継承　39

ら。専門家による専門の垣根を超えた学問・研究の場としてあり，「生活学は，ひとつの学際学であり，学会員は，家政学，社会学，経済学，文化人類学，建築学等々の学者，専門家であって，将来はいざしらず，少なくとも現在では，生活学者とよばれる人はいない」点がユニーク。[*2]

日本生活学会の名が，一般にまで広く知られるようになったのは，1988(昭和63)年6月の東京銀座ガスホールでの「今和次郎生誕100年・日本生活学会創立15周年記念展『考現学は今』」での展示や，1989(平成2)年に平凡社から刊行され，話題となった『おばあちゃんの原宿巣鴨とげぬき地蔵の考現学』(川添登編著)による。'87年～'88年に，日本生活学会の有志により「お年寄りの盛り場」として賑わう巣鴨の高岩寺や商店街で行なわれた考現学調査の報告書で，通行人，参詣客の構成や服装調べ，尾行調査，露店の様子，立ち食い風景，地元住民との座談会の模様などが公表されている。考現学の手法(人出分析，行動追跡，露店一覧，界隈調査，飲食店分布)を用いて一地区を総合的に調査した最初の試みで，今たちが行なわなかった聞き取り調査なども実施されている。

●現代風俗研究会(会長・高橋千鶴子)

1976(昭和51)年，発足。専門の学者・研究者だけでなく，年齢や職業も様々な立場の人が会員として，会の運営，企画，編集に参加しており，市民研究団体的な開かれた会である点が特色。研究大会，研究例会，分科会を開催。年間テーマに即してプロジェクトチームをつくり，グループ研究を行なう。その成果は年報『現代風俗』として刊行されている(初期のテーマは「流行」「身体と風俗」「冠婚葬祭」「地域の風俗」「ものの自分史」「旅行の風俗」「暴力の風俗」「老いと若さ」など)。グループによる定点観測と，鶴見俊輔の発案による会員たちの「はがき報告」(「テレビ」「寝床」「下着」などのテーマを設定)は，現風研の「目玉」として当初から引き継がれてきた。

先の「日本生活学会」とはいわば兄弟姉妹の関係として，相互交流も行なわれている。

●路上観察学会

〈トマソン観測センター（会長・鈴木剛）〉

　1972(昭和47)年に赤瀬川原平，南伸坊，松田哲夫がトマソン第1号物件(四谷本塩町祥平館の無用階段)，第2号物件(江古田駅の無用窓口)，第3号物件(お茶の水の無用門)を相次いで発見。これをきっかけに，「超芸術家が，超芸術だとも知らずに無意識に作るもの」「不動産に付着していて美しく保存されている無用の長物」を当時の巨人4番打者，ゲイリー・トマソンに見立てて「トマソン」と命名。当時赤瀬川が「考現学」を講義していた美学校の生徒らとともに「観測センター(超芸術探査本部)」を発足。以後，庇(ひさし)タイプ(本来その下にかばうべきモノを喪失した庇)，アタゴタイプ(用途不明な突起物)，カステラタイプ(壁面に付着する出っ張り)など様々な物件を発見し，カメラにおさめて，その成果を雑誌『写真時代』で展開した(『超芸術トマソン』[*3])。

〈建築探偵団〉

　1974(昭和49)年，東京大学生産技術研究所の村松貞次郎研究室で日本の西洋近代建築史を研究していた藤森照信と堀勇良が，日本中の近代建築を見ようと意気込んで，街を歩き廻り建築探偵団の母体を結成。これに宍戸実，河東義之，清水慶一や写真家増田彰久他，東大村松研究室や日大山口廣研究室の学生らが加わる。街とともに生き続けている西洋館の姿を写真やスケッチなどの記録ノートにおさめる。昭和初期から戦前に多く見られた商店建築様式である「看板建築」の調査研究で注目を浴びた。その成果は，1986(昭和61)年頃から『近代建築ガイドブック　関東編』[*4]『スーパーガイド建築探偵術入門』[*5]『建築探偵の冒険　東京篇』[*6]などの著書で紹介。'86年，荒俣宏，春井裕と「路上博物倶楽部」を結成。二宮金次郎の像，富士山のミニチュア，ビルのライオンやワシの像，銭湯，地下世界など，ヘンなもの，怪し気な物件を探索，

記録するために東京の街を歩き,『SD』'86年～'87年1月号に連載した。
*7

〈路上観察学会〉

上記2グループが合流して1986(昭和61)年発足。翌年,東京大学に路上観察学ゼミ(藤森照信・当時助教授)が誕生し,学生による「銭湯」建築やタイル絵などのグループ研究も行なわれた。
*8

2. 1990年代以降・考現学の系譜,その多彩な拡がり

　現在,「考現学」と聞いてそれが〈今和次郎の創始したモデルノロヂオ〉に由来することを知る人は少数であろうが,大多数の人々は特に違和感を抱くことなく"何となく"「考現学」なるものをイメージすることが可能だと思う。それだけ考現学は,その〈ことば〉のみが一人歩きしてとらえられていると言うことができよう。田中康夫の『ファディッシュ考現学』を挙げるまでもなく,「○○考現学」というタイトルに代表される「考現学」を標榜する書籍は数多く出版されたが,それらの大部分は「考現学」を,(今和次郎ら先人の仕事に対する理解の程度は様々であれ)おおむね「現代を考える」という字義どおりの意味で用いているにすぎない。今和次郎の「方法の学」としての考現学をその方法論的側面からも純粋に追随するような例は,今日,数えるほどしか存在しない。考現学自体が学問として未成熟に終わったことが影響している事実は疑う余地もないが,今和次郎自身が当初より社会学などの「補助学」を企図して,考現学の意味付けを行なっていた点も,再び思い返す必要があろう(「考現学とは何か」)。
*10

　しかしながら今日,社会学におけるもろもろのフィールドワークやサーベイとして,また生活生態学や生活表現学といった生活科学全般に考現学の試みは継承,応用されているし,また,「実践の学」としていくつかの大学において,多様なジャンルの学科カリキュラムへ利用,

展開されている例も見られる。以下に(過去の事例も含め)そのいくつかを紹介しよう。

　武蔵野美術大学短期大学部生活デザイン科では，担当教員と学生の二人三脚による試行錯誤の試みが26年間も続けられた(次章で詳述)。滋賀県立大学大学院人間文化学研究科地域文化学専攻「考現学・保存修景特論」では，西川幸治や土屋敦夫らが文化遺産の調査，再評価を行なう方法論として「急速に変化する生活を的確に把握するために身近な環境に注目し，その現状を定時・定点に観察し，克明に記録し，冷静に省察し，真に人間的な文化と生活の構築をめざす考現学を開拓」[*11]し，用いている。また，東京家政学院大学人文学部工芸文化学科では，近年比較的一般化した「生活考現学」の定義のもとに同名の授業が展開されている。同学科の「生活考現学演習」では，実際に学生による「公共のゴミ箱についての調査研究，収集資料の整理，解析，提案」が行なわれ，考現学の理論と実践，さらには制作への展開までもが演習としてトータルに扱われている興味深いケースだ。日本大学文理学部後藤範章ゼミでは，1994(平成6)年から「『東京人』観察学会」なる調査研究が継続して行なわれている。これは〈写真〉で見る東京の社会学といった内容で，調査対象もフリーマーケット，ゴルフ練習場，性風俗，河原など，社会的・自然的環境から生活者の風俗まで幅広く，「カメラ世代による考現学」的報告がリアルに感じられる。

　また，一般知識としての「考現学」に関するレクチャーが講義計画に設定されている大学も想像以上に多く，例として東京都立科学技術大学の小川徹太郎による人文科学特別講義や，東京大学大学院および教養学部における田中純による表象文化論講義・ゼミナールなどが挙げられる。小川は工学院大学第2部の文化人類学の授業において，「考現学という記録の実践運動に焦点をあて，近代的主体の構築や消費文化の問題」[*12]を具体的かつ詳細に扱っている。國學院大学での小林忠雄による現代文化論では，「現代社会あるいは都市環境のなかで，次々と

生み出される風俗現象や大衆文化について，その構造的な解析を行ない，それがどのような歴史的経緯でもって形式されてきたかの問題にアプローチ*13するために考現学を用い，その"実習成果"の提出を学生に義務づけている。一方，学術研究においても中川武による「今和次郎の考現学と銀座調査」などの報告例が存在する（日本建築学会大会1994年）。

考現学は「未完の学」という点ばかりが喧伝されて久しいが，反面，考現学再評価の機運が多くの識者の間で高まってきている潮流も認められる。その成果としては佐藤健二著『風景の生産・風景の解放』（講談社　1994年）や，黒石いずみ著『「建築外」の思考──今和次郎論』（ドメス出版　2000年）などが挙げられよう。今和次郎に関連する紹介，展示などもしばしば開かれ，「銀座モダンと都市意匠展」（資生堂ギャラリー　1993年）や，兄弟での仕事を回顧した「今純三・和次郎とエッチング協会展」（渋谷区立松濤美術館　2001年）などが開催された。

今和次郎の死去から10年後の1984（昭和59）年，書斎の中身一式が工学院大学に寄贈され，「今和次郎コレクション」として各方面からの注目を集めている。1910（明治43）〜1935（昭和10）年の考現学調査，1923（大正12）年の関東大震災バラック調査など貴重な資料が多数保管され，蔵書目録は「今和次郎文庫目録」として1991（平成3）年3月に工学院大学図書館から刊行された。

一方で，'90年代以降，考現学の後継者たち（という語用にも若干の語弊はあるが）による具体的な成果は，'80年代よりも様々な枝分かれを見せ，内容や方法論による具体的なジャンル分けはもはや困難かつ無意味な状況と考えられるだろう。その中でも現代風俗研究会は，年報の定期的な発行やワークショップなど比較的活発な活動を続けている。鵜飼正樹らの現代遺跡探検隊といったグループを誕生させ，熊谷真菜による『たこやき』（リブロポート　1993年）も前例のない報告として興味深いものであった。岡本信也らの野外活動研究会は，名古屋

地区を拠点として考現学採集を続けている。「路上観察」の林丈二が「林丈二的考現学」と銘打った展覧会を東京と大阪で開いたことも記憶に新しく（INAXギャラリー　2001年），谷口英久による中国大陸での路上観察記録も報告された。

　さらに，'90年代の特徴的な変化の一つとして，インターネット上で自らの「考現学的調査」の報告を行なうウェブサイト（ホームページ）が，多くの人々によって開設されたことが挙げられよう。それらの内容と目指す方向性は千差万別であるが，テクノロジーのさらなる進歩や通信環境のより一層の向上により，「インターネット公開」を目的とした採集の方法論とプレゼンテーションのスタイルが，これから新たに確立されるであろうことは想像に難くない。

　出版物では，'80年代のサブカルチャーとしての考現学がさらに細分化され，いくつか興味深い報告例も出版された。純粋な今和次郎の統計的調査の手法を現代風の表現にアレンジした大田垣晴子の種々の採集，仏像仏閣に独自の解釈を加えて，文章とイラストで強烈にアピールした，いとうせいこう＋みうらじゅん著の『見仏記』（中央公論社　1994年。いとうは映画「帝都物語」で今和次郎の役を演じている。みうらはこの他にも独自の切り口による採集を重ねている）。東京で一人暮らしをする者の部屋を撮影した『TOKYO　STYLE』（京都書院　1993年）や日本中の"珍スポット"をめぐった『珍日本紀行』（アスペクト　1996年），他にラブホテルや暴走族の改造車といった〈取材〉で知られる都築響一の一連の仕事は写真という表現を利用しながら新鮮な目線で対象に迫った，考現学的切り口を有する内容だ（それらは結果的に「写真表現」に新たな「意味」を創出し，木村伊兵衛賞を受賞するに至る）。[14]

　考現学的マンガルポでは出色の松井雪子『おじゃましまっそ』（竹書房　1994年）の他に，田中ひろみによる『ナマエの謎探偵団』（文化放送ブレーン　1997年），西原理恵子と神足祐司による『恨ミシュラン』（朝

日新聞社　1997 年)などがある。いずれもマンガ表現自体に突出した個性を持つ例であるが、その根底に脈々と流れる考現学的な好奇心が心地よい。銭湯のペンキ絵の考現学をはじめとする採集で知られる「庶民研究家」町田忍や、「昭和 B 級文化」を採集、紹介する串間努らの一連の仕事は、その親しみやすさと対象物の魅力から、広く一般にも受け入れられた。泉麻人による「街歩き」関連書も独特の切り口が興味深い。

　'70 年代の「トマソン」に較べてさらに趣味的要素が強い「街のヘンなもの」の投稿からなる『VOW』も巻数を重ねている(宝島社　2001 年現在で 13 巻)。雑誌においては〈モダン都市考現学〉といった趣の特集がしばしば組まれる、粕谷一希による『東京人』(都市出版)や、「地図」と「旅」を柱として、ときに考現学的な企画が掲載される『ラパン』(三栄書房より 1995 年創刊。その後ゼンリンに発行元が変わり、2002 年 4 月号で休刊)などがある。また、『散歩の達人』(弘済出版社, 現・交通新聞社　1996 年創刊)は、街歩きという通底したテーマをベースに、一般読者に向けて考現学のもろもろの採集ジャンルを、「生活者と等身大の視点」から毎月発信している。

　'90 年代における考現学周辺の諸活動には一貫した流れが存在しない。しかしながらその学たる方法論の素地が完成し得なかったがゆえに、他分野の学問・表現領域が独自の解釈をもって考現学を応用した結果、多様な成果に結び付いたと考えることはできるだろう。これはある意味で喜ばしい皮肉である。この「拡がり」を考現学と称するか否かは別問題としても、これが風俗をはじめとする私たちの雑多な生活文化を記録する考現学の「正しい進化」であることに異論はあるまい。この「混沌とした」拡がりが今後拡大することは確実であろうが、それが私たちに何をもたらすかはいまだ明らかではない。しかし、これだけ情報入手の手段がメディアの発達に伴い多様化し、かつ即時性が得られるようになった今日、新たなスタイルによる調査や記録による

「21世紀型考現学」の成果が報告されるのも,そう遠い日のことではないだろう。

●註
1―多田道太郎著『風俗学　路上の思考』(ちくま文庫　1987年)
2―川添登「あとがき」,日本生活学会編著『生活学　第二冊』(ドメス出版　1976年)
3―赤瀬川原平著『超芸術トマソン』(白夜書房　1985年),改訂増補版(ちくま文庫　1987年)
4―東京建築探偵団著(鹿島出版会　1982年)
5―東京建築探偵団著(文春文庫ビジュアル版　1986年)
6―藤森照信著(筑摩書房　1986年)
7―藤森照信・荒俣宏著『東京路上博物誌』(鹿島出版会　1987年)
8―東京大学路上観察学ゼミ編『東京銭湯博物誌』(東京大学路上観察学ゼミ　1988年)
9―『ファディッシュ考現学』(朝日新聞社　1986年),『ファディッシュ考現学2』(朝日新聞社　1987年)
10―今和次郎・吉田謙吉編著『モデルノロヂオ(考現学)』(春陽堂　1930年)所収,今和次郎著『考現学　今和次郎集　第1巻』(ドメス出版　1971年)所収
11―『滋賀県立大学大学案内』(滋賀県立大学　2001年)
12―『工学院大学シラバス』(工学院大学　2001年)
13―『國學院大学シラバス』(國學院大学　2001年)
14―この2人による採集物のプレゼンテーション(＝スライドショー)は,回を重ねるごとにその規模がスケールアップされ,2001年には日本武道館を会場として開催された。

第3章：考現学の手法を生かしたデザインリサーチ

1. 武蔵野美大の学生によるフィールドワーク

　武蔵野美術大学において，考現学的な調査が初めてカリキュラムに取り入れられたのは1973(昭和48)年，短期大学部生活デザイン科1年生の必修科目「デザイン論Ⅰ」においてである。以来1999(平成11)年までの26年間，四半世紀余にわたりこの授業は続けられたが，その大半を担当されたのは，酒井道夫先生(芸術文化学科教授)である。受講者が1年生ということもあり，調査方法・結果ともに未熟さは否定すべくもないが，これを機に卒業論文(考現学調査)として秀逸な成果をおさめた例もある。

　考現学的な調査を授業に導入したのは，街を歩き，巷(ちまた)に溢れる様々なモノを自分の目で見て確かめ，考える習慣をつけることにより，学生が陥りがちな机上の空論や独りよがりのデザイン行為を回避したいとの願いによるもので，その基本姿勢は，本科目「デザインリサーチⅠ」の意図と合致する。次に，「参考」として，上記生活デザイン科Cクラスで行なわれた(田村指導による7年間の)「都市および都市生活者の観察調査記録」の概要を述べる。調査記録の内容は大きく2つに分かれる。

●景観記録
山の手，下町とよばれてきた地域や，界隈と呼ぶ，街のあるまとまった地域で，特徴的な建造物や看板，横丁や路地などの風景をスケッチや写真，文章で記録するもの。その際，幕末期の江戸『切り絵図』と明

治11年の『実測・東京全図』，現代の道路地図を見比べて，街の構造の変化や地形を確認しながら歩く。記録エリアには「上野公園付近」「日比谷・丸の内界隈」「本郷界隈」「佃島・月島界隈」「兜町証券街」「蔵前・両国・浅草橋界隈」「銀座の画廊」などがある。いずれも東京中心の記録であったが，地方都市の場合も同様に，昔の地図を図書館などで入手し，旧街道や国道などの太い筋や海，川，坂などの地理的環境と街の成立史を関連づけながら歩いてみるとよい。

● 風俗・人物行動調査

1人でもできる調査としては「大学内落書き調査」「電車の吊り革を握る人の手の表情」「街灯の形調べ」「車内吊り広告調べ」「公衆電話のかけ方調べ」「待ち合わせ場所での行動調査」「公園のベンチに座っている人の仕草や持ち物調べ」など。調査エリアを特定したものとしては，路面電車・都電荒川線に乗って，車窓風景観察や沿線の街と住民の行動を調査したり，一筋の川（渋谷川・古川）をテーマにチーム編成し，水源の新宿御苑から東京湾に注ぐ浜松町までたどってみたものがある。また「神田神保町・古本屋街調査」では，「古書店の匂い調べ」というユニークな報告書もあった。「小平霊園の墓地調査」では，墓標という「死」のデザインの有り様を調べ，「妹尾河童に挑戦！」する意気込みで俯瞰（鳥瞰）図法による「トイレ記録」を行ない，インタビュー（聞き取り調査）では「つくる」というテーマで，市井の"仕事人"にお話をうかがい，それを脚色・編集なしの「素起こし」で記録した。

「デザインリサーチⅠ」では，このような蓄積された事例や方法論を参考にして，全国でリサーチを展開していただきたい。ただし，通信教育の難点として，学生同士のグループ調査がしにくいため，小規模調査になるのはやむを得ない（各学科を横に貫くテーマ設定と共同研究については，今後の課題である）。

また，このリサーチは，路上観察学に追従するものではなく，また日本生活学会のような専門家の見識を背景に持つものではないため，

あるテーマを，様々な視点と方法で多角的に切り込んでいく作業がメインとなる。「表層」や日常茶飯のことを問題にしながらそこから沸き起こる問題意識を，日本の文化やデザイン（造形）に結び付けて考えることが重要なのであって，調査＝ものづくりに即反映されることを望むものではない。

2. 調査研究事例紹介

　以降はこれまでの考現学についての解説，およびその方法論の概要を受けつつ，実際の調査事例を紹介してゆこう。
　ここでは〈街並みの記録と都市の調査〉〈風俗調査〉〈人物行動調査〉〈その他〉という４つの調査対象区分に沿って，主に考現学的手法によって調査・採集された記録を掲載する。もちろん前述したように考現学における調査対象の分類は明確に規定されるものではなく，いくつかの領域を横断する性質の調査も多い。便宜的な分類の一例として理解してほしい。また，それゆえに調査対象や目的によって，その方法も縦横無尽に変化して当然である。これは換言すれば，調査「現場」での予期せぬ事態にも，フットワーク軽く柔軟に対処する調査姿勢が記録者に求められているとも言えよう。
　紙幅の都合で多くの研究成果の図版を掲載することはできないが，同時代の調査を中心に，なるべく多岐にわたるジャンルの事例から特に特徴的と思われる内容の図版をセレクトした。また，記録者のスキルにも偏りが生じないよう，学生からプロのデザイナーまで様々な報告例を選んだ。
　本テキストは今和次郎の創始した考現学を端緒にデザインリサーチへの応用を試み，展開させることを一つの目的として設定している。一方で，以下に紹介する事例は「考現学的な視線が貫かれた調査」を念頭にセレクトしたために，必ずしも直接的な「デザインリサーチ」への

展開を意図するものではない調査報告も含まれている。しかしながら，いずれの報告からもつくり手(専門家)と使い手(非専門家)の「交差領域」に身を投じた記録者(生活者)のリアルな体験が感じ取れる，興味深い考現学調査には違いない。記録者たちはこれらによって導かれた結果から様々な「現状」を把握し，「自身の関心」との関連でその結果内容を咀嚼しており，また，私たちも第三者的な視点から客観的にこれらの報告を分析することによって，未知の「交差領域」が発見できるはずである。そしてそれは，再び新しい考現学調査に発展してゆく。繰り返しになるが，私たちの試みるデザインリサーチは，確固とした学問体系の中の方法論に依拠した学術調査とは異なり，学問的な成果やデザイン生産に直結するような「即効性」を望むものではない。まずは「あなた自身」がデザインをめぐる問題意識を持ち，考現学たる「学」の「方法」を見出すべく，実際の調査を開始していただきたい。

〈a〉街並みの記録と都市の調査——街の誘惑〜都市の体温を感じよう

　街並みの記録と都市の調査は，その傾向から，1．一定の広さを有するエリアを，主として複数の人で網羅的に調査するケース(「本郷界隈」「大手町一帯」「上野・日暮里界隈」など)，2．特徴的な駅前，商店街，街路，公園などに焦点を当てるケース(「上野公園」「吉祥寺サンロード」「大塚旧赤線地帯」など)，3．ピンポイント的に狙いをつけたビル・住居などの建築物や，公共施設，娯楽施設といった"特定の場所"を集中的に調べるケース(「霞ヶ関ビル」「原宿竹下通りのタレントショップ」「東京ディズニーランド」など)という3つのパターンに大きく分類され，1→2→3の順で調査エリアは狭くなる。

　調査対象が「移動を伴う」人物ではなく，私たちの生活環境における「住環境」そのものなので，他の調査との比較で考えると，割合その実践が容易であるとは言えるかもしれない。街並みの記録は，概して歴史的建造物や古い民家，珍しい街区といった〈特徴的な景観〉を意図的

に調査対象として設定する場合が多く，しばしば貴重な報告が見られる一方で，対象物の特徴が極めて強いためにその「個性」ばかりが前面に出て，記録者の「顔が見えない」，画一的な調査結果に陥る危険性がある。巷（ちまた）にあふれる一見グラフィカルな「イラスト・街ガイド」や「散歩マップ」などは（それはそれで「面白い」のだが），ここではさらに「見えざるもの（交差領域）を見る」意識を念頭にすえる必要があるだろう。赤瀬川原平らの「トマソン」などは（最終的な成果には賛否両論あろうが），無意識的に私たちが見ていた（＝見えていなかった）街の歪みを具体的に拾い上げた作業の嚆矢（こうし）という点では大きな意味があった。

　さらに前記1〜3に付随する調査として環境を形成する「ディテール」に着目したり，都市を〈生活者〉の行為・行動との関係でとらえるケース（「都市に捨てられた散乱ゴミ調査」など）もあり，これらは本項「都市の調査」に包括される事例と言えよう。実際は，例えばある公共施設を調査するにあたっても，施設を利用する〈人々〉に関するリサーチ，および施設の〈建物〉自体のリサーチ，その他が複合的にリンクする場合が多く，報告例は〈b〉，〈d〉項でも追って紹介する。これらは単純な街並み調査と異なり，数のカウントや同時並行的に複数の記録が求められるなど，その実践には体力的なハードさに加え，冷静な対応と忍耐力が記録者に強いられる場合が多い。また，調査は，基本的には前述した「移動観測」で行なわれる。

　考現学の初心者は「都市」の魅力を目の当たりにすることにより（リサーチ結果がネガティブな内容であろうとも），総じて「興味を持って」調査に向き合うことができるのが，街並みの記録と都市の調査の特徴でもある。同時に，調査の方向性や独自の問題意識がシビアに問われてくる側面も持つので，最終的な自身のデザインリサーチに発展させる手段も頭の片隅に意識しつつ，対象に向き合おう。調査前に自らの「切り口」をもう一度考えることは無駄ではあるまい。

● 上野公園界隈——景観記録（田村裕，1997年）

　学生に課した上野，本郷，丸の内界隈調査の「報告書作成」サンプルとして作成したものであり，調査としては素朴で食い足りなさが残るものの，極めてオーソドックスな景観記録の例である。

　上野公園は，そもそも寛永寺境内の跡地を利用した日本初の近代公園であり，その成立過程も日本の近代化を象徴する特徴的な「公園」で，動物園・美術館・大道芸人と調査対象に事欠かない。同時代という〈横軸〉の調査でありながら，歴史的な変遷といった〈縦軸〉も同時にたどることになるのが考現学の特徴で，調査対象に二重の意味を見出すことが可能である。上野公園を対象とした考現学的調査には，雑誌の特集をはじめとして多くの前例があるが，あえてこのようなメジャーな場所を調べることも，ときとして自分自身の問題意識を自己確認することにつながり，有効である。

　また，調査年月日や天候，公園内の補修や工事，行なわれているイベント，調査日の社会情勢といった環境的・社会的要因も調査結果を左右するので，複数回同じ場所を調査することも効果的と言えよう（それは継続的な定点観測にも通じる）。その場合，それぞれ導き出される結果には違いがあって当然で，一方では通底する傾向が生じることもあり，相反する結果に調査者は翻弄される。その解釈は調査者に委ねられており，グループによるプレゼンテーションの場において問題を共有化することも大切だ。極論かもしれないが，調査者の主観さえも，デザインリサーチという観点においてはプラスに作用することもある。

　いずれにせよこの例は，ベタ焼きの写真（あるいはミニスケッチ）を切り取って1枚の報告書に貼り込むことで，一目でわかる景観記録を狙ったものだが，これには伏線があって，次の発展型として，調査エリアの地図を格子状に分割し，その升目の地域で記録した風景をたくさんのミニ写真で構成するという大判パネル「界隈プリクラ写真地

上野公園界隈－景観記録

デザイン総演習1C

●記録日時＝1997.5.31/14：00〜17：00　●記録者＝田村裕／武蔵野美大生活デザイン科1年C組00番

江戸時代には、町全体の15%という広いエリアを有していた寺社地の一つ寛永寺の跡地＝上野公園。お花見、パンダ、美術館、芸ダイ、修学旅行、大道芸人……老若男女が集うこの公園でユニークな建造物を記録した。

①東京文化会館（S36、前川國男）

屋根がマッシヴに張り出す名前に、師匠コルビュジェの影響[...]。柱おこしのようなコンクリートのむきだしバネルが独かいの西洋建築[...]、木のような柱に特徴あり。

②公園緑地事務所

数年前に改築、旅館の[...]引用した計画のデザインはポストモダニズム、開放感のあるバルコニで明るいが、10年経[...]

③公園案内所

ゆるやかなアールの屋根、2[...]もさりげない建物だが[...]気負わぬデザインにはなんとなく[...]

④国立科学博物館（S6、文部省）

全体は洋式建築だが、ソラーリ式意匠かたセンニショーナルな感じがせる。スクラッチタイルと銅のまじりあわせか[...]

上野博物館のあと、東京芸[...]から建[...]、時代の空間には大正時代の香が[...]

その昔、江戸の防衛と国家鎮護を目的に、城の鬼門＝北東方向に邪気封じとして建てられた東叡山寛永寺。今、本堂は東京国立博物館の裏手に追いやられ、墳[...]下の谷間に麻雀パイのようにずらりと並んでいた寺院の数々も、跡形もなく消えてJR上野駅の敷地と化している。戊辰戦争で官軍砲司令官・大村益次郎が放ったアームストロング砲弾の一撃は、怪僧・天海が巧妙に仕掛けた天台密教の呪術パワーを一瞬のうちに打ち砕いてしまった。

残された広大な寺社境内は、明治初期に、日本最初の近代公園として生まれ変わり、以後博物館、美術館、学校など教育・啓蒙施設が設立されて、内国博覧会など様々な国家的イベントも行なわれてきた。イルミネーションによる夜間会場やエスカレーターが初めて登場したのもここ。今でいうアミューズメントパークと日本市会場が一緒になったようなものだった。

今回は、そんな公園の中を建物中心に見ながら歩いてみた。ル・コルビュジェと坂倉準三ら日本人弟子たちが設計した国立西洋美術館はもちろんいいけれど、明治〜昭和初期の様式建築や戦後のモダニズム建築など、時代の重層性が読み取れる建造物を、短時間で一挙に見れるのがなによりうれしい。

目下、公園のあちこちで建設予定の建造物はそんな楽しみを私たちに与えてくれるだろうか。

⑤東京国立博物館本館（S12、渡辺仁）

前田健男が看案した帝冠様式建築。屋根の勾配、反りがかめしい。内部は広くゆたかな。

⑥黒門（約、片山東熊）

明治国家の威厳を表す壮麗なネオ・バロックの門。正面2階の壁面レリーフ、アーチ、ペディメント、中央のドーム採光。

⑦旧東京電機博物館動物園

ギリシャ・ローマ風、登館のためコーデソのある门。

⑧黒田記念館（S3、岡田信一郎）

小ぶりだが端麗な作品。イオニア式の列柱。日本にもフイオンへの敬愛が感じられる。

⑨国立国会図書館上野図書館（M39、帝国図書館、N13、久[...]正世）

ルネサンス様式。窓がためる改築があった。ゼッソの打[...]

（旧・東京美術学校本館）M25、山は下六

木造2階建て、完成した時はうれしかった……。

31. 田村裕「上野公園界隈――景観記録」1997（平成9）年

図」ができないものかと，この記録者は空想したそうである(ただし実現していない)。

　本例のように限られた時間内で複数の建築物を調査する場合，カメラは有効なツールとなる。自ら用意した地図と公園内各所に配置された案内板，および事務所で配布されている園内地図などを比較検討し，自分の足で歩いた「地図」の制作に具体化させる試みも一つの方法であろう。

●河童が覗いた"刑務所"(妹尾河童，1980 年)

　これまで述べてきた例は東京都内を対象とした調査が多く，これは一面では考現学が主として「現代」を調査対象として標榜(ひょうぼう)してきたことが，結果的に「都市」の調査という解釈に集約されてしまったと言うことができる。しかし近年では広く日本各地を調査した報告例もあり，それは社会学や民俗学などとはまた違った「地域考現学」といった様相を呈している。「現代＝同時代」という認識は都市部に限らず地方，外国にも適用されることは言わずもがなで，現代の共時的(シンクロニック)な全体像を，世界的な視野で考現学を通してリサーチすることが私たちの目指す方向性であろう。また，当然「都市」といった〈社会的環境〉のみならず，〈自然的環境〉に向き合うことも今後の姿勢として重要になってくる。

　この妹尾河童による刑務所のリサーチは，府中刑務所に加え網走刑務所の調査も行なわれており，比較考現学として興味深い報告例だ[*1]。そもそも氏の本職が舞台美術家であるため，イラストは出色の出来映えで，描き文字によるコメントも内容・文体を含めて極めて完成度が高い。だがそれらの報告からは，デザイン的な美しさにたよることなく，あくまで「記録者に徹する」という使命感が感じられ，非常に冷静な考現学として，見る者を圧倒する。一方で，通常考現学では用いられることの少ない「インタビュー」を効果的に随所に取り入れている点などは，氏のキャラクターのなせる業(わざ)でもあろう。近年では自らの入

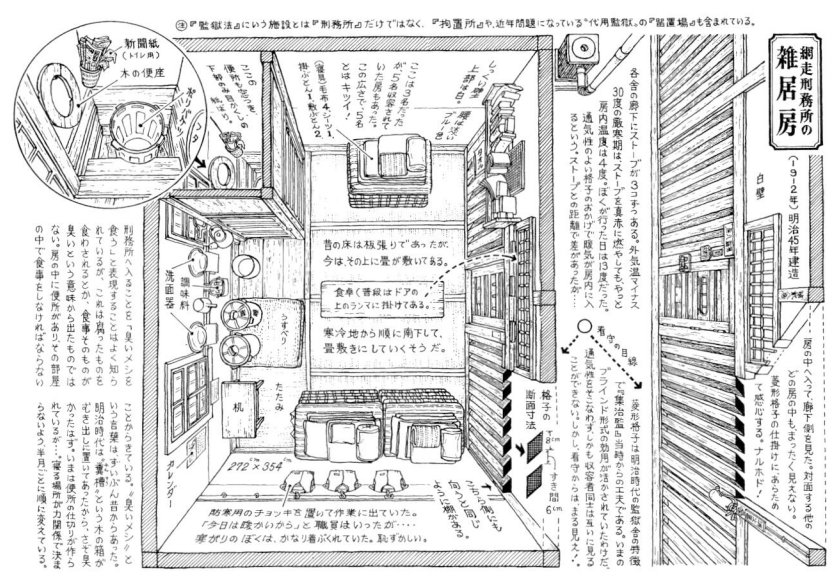

32. 妹尾河童「網走刑務所の雑居房」1980（昭和55）年

所体験をマンガ表現として描いた花輪和一の例も記憶に新しい（『刑務所の中』）。妹尾の取材は語り手の発言に惑わされることなく，客観的な聞き手に徹しており，考現学を総合的な調査たるものにしている。

一方で彼は鳥瞰図の描き方を説明し，「室内調査の入口」を用意したことで，多くの初心者がたどたどしい筆致で，興味深い考現学調査を行なうきっかけをつくった功労者でもある。妹尾のイラストには壁の汚れなどを記入しない傾向が認められ（もっとも初心者は執拗に汚れを記入したがる傾向が強いが…），ある意味で「綺麗すぎて」どの鳥瞰図も同じように見えてしまうきらいがあるかもしれない。けれども「緻密な表現力」に彼の考現学的本質があるのではない。眼前にあるモノをあくまで「正確に取り残しなく」記録・記述し，調査対象を都市部に限定せず，ニッポンという国の有り様を自然体でいながらも長期間「覗き」続ける姿勢こそが重要なのだ（彼の考現学はヨーロッパやインドにまで及んでいる）。

- ●江戸川橋地蔵通り商店記録（臼井新太郎，1998年〜）
- ●鳥越おかず横町──その実態と考察（臼井新太郎，1991年）

　商店街の記録を2例ほど紹介しよう。「江戸川橋地蔵通り商店記録」は，記録者がこの商店街に居を構えたのをきっかけに，継続的に記録している調査の一部である。商店街は曜日や時間，天候によって通行人の年齢層や数に大きな変化が生じるため，トータルな調査以外は自身の問題設定に沿って任意に調査日，時間などを決定する必要がある。地蔵通り商店街（東京都文京区）は，東西約300メートル，南北約100メートル弱のいわゆる下町的な雰囲気を残す商店街で，街並み調査の一環として主に店舗構成を中心に記録がとられている。

　自らの身近な住環境を再確認するという動機で始めているのだが，意外にも廃業店や業種変更などが多く，チェーン店系のカフェ，100円ショップ，ドラッグストア，弁当屋など時代動向が顕著に反映される点は，同時代のデザイン行為における「枝葉部分」の理解にも有用な試みと言えよう。東西南北の「門」にはオブジェが取り付けられて，その形態から"まわれ門""あがれ門""やじろ門""でんでん門"と命名され，場違いな「モーニング娘。」をはじめとするJ-POPが，日中スピーカーよりBGMとして流される商店街……。通常のランドスケープ・サウンドスケープ論では到底「悪例」の印が押されるわけだが，こういったギミックからも，考現学調査を重ねると一定の商業地域においては必然性さえ感じられる。商店街の調査は衣・食・住に関する店舗を含むリサーチとなるので，自ずと〈生活者〉に必要不可欠な最もベーシックな部分を考える行為として問題意識は膨らむ。昨今話題の郊外型店舗やアウトレットモールなどの調査と同様，地域密着型商店街も重要なリサーチ対象であろう。

　なお，報告は四季を通じての写真での記録（プリントには商店街内のDPE店を利用する）と若干のスケッチをもとに構成されている。

　「鳥越おかず横町──その実態と考察」は土・日の午後を利用し，同

33. 臼井新太郎「江戸川橋地蔵通り商店記録」1998（平成10）年～

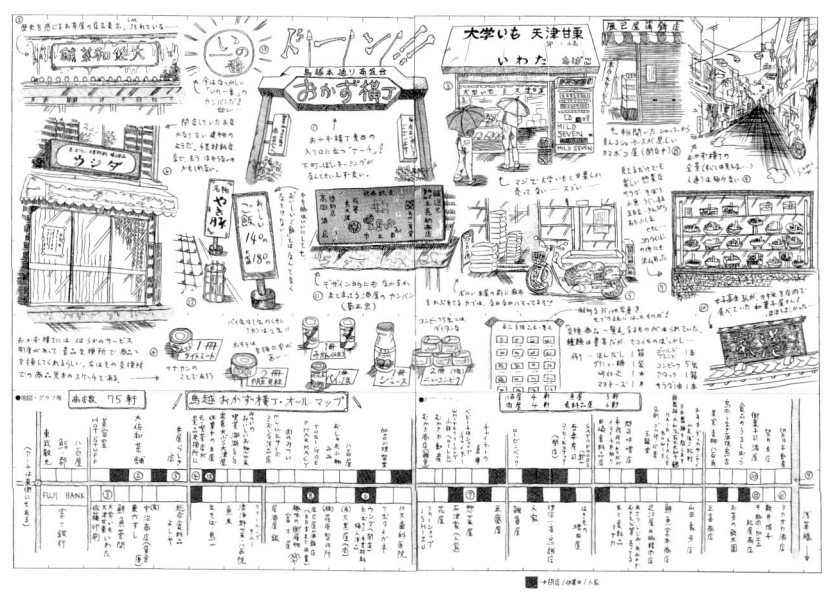

34. 臼井新太郎「鳥越おかず横町――その実態と考察」1991（平成3）年

記録者が初めて訪れた商店街(東京都台東区)の店舗構成を記録しているベーシックな例である。道の両側に店舗が並ぶ商店街は，右・左・右と対角線上の順で左右の店舗を調査しながら歩くのが基本だ。

●ゴミの考現学(臼井新太郎，1992〜1993年)
●ゴミがゴミを呼ぶ重力地帯(岡本信也＋岡本靖子，1984〜1994年)

　都市を〈生活者〉の行為・行動との関係でとらえた調査として多数の報告例があるのが，いわゆる「街に捨てられた」ゴミの調査である。「どんなゴミが捨てられているのか？」というテーマは，趣味的なレベルから都市レベルの環境問題にまで応用が可能で，フィールドワーカーを魅了してやまない永遠の課題でもある。特にデザイナーとしてモノの「つくり手」の立場に立つ人は，考現学を用いて身近な住環境を再解釈する初歩的なきっかけにもなるだろう。

　「ゴミの考現学」は八王子の駅前と甲州街道エリアでの散乱ゴミの予備調査を経て，八王子，上野，鎌倉，渋谷という4都市の駅前で，網羅的にゴミの種類と数をカウンターを用いてカウントし，あわせてゴミ箱の設置位置を記録，撮影した調査である。調査エリア・対象が広範囲なため継続的な調査は行なわれていないが，その一瞬の結果から共通する傾向が発見でき，多様な意味を引き出せるタイプの考現学と言える。最終的にはプレゼンテーション用に，地図上のゴミの位置に種類別カラーマーキングを付けたパネル(A1サイズ)として，視覚的な配慮をしたうえで具体化させている。

　「ゴミがゴミを呼ぶ重力地帯」は，数々の考現学調査を実践している岡本信也＋靖子夫妻の，地道かつ興味深い報告だ。イラスト(ご本人は「図解」と表現されている。まことに的を射たことばだ)[*3]が達者なため，それだけでも報告に説得力が増しており，好奇心がストレートに感じられる採集である。と同時に，"重力に引き寄せられてゴミが集まってくるような場所"なる至極リアルな光景を図解して，「道徳など

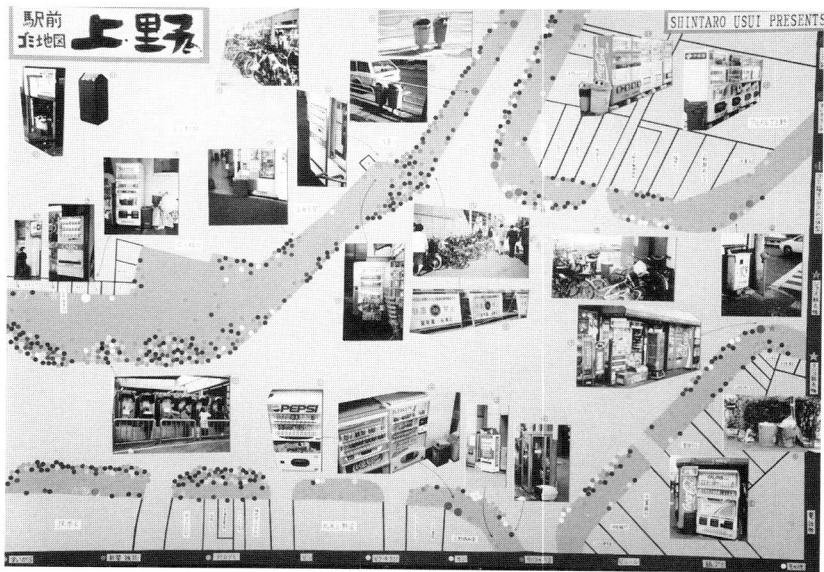

35. 臼井新太郎「ゴミの考現学」1992（平成4）〜1993（平成5）年

36. 岡本信也・岡本靖子「ゴミがゴミを呼ぶ重力地帯」1984(昭和58)～1994(平成6)年

によって律しきれない人間の行動様式，あるいは，ヒトの生態の動物的な目覚め」を指摘している点など，私たちも再度考えるべき課題と言えよう。

　ゴミに関する考現学採集を行なうことにより「デザインされたモノの末路を見る」といった使い古された表現は今や陳腐でさえあるが，身近なゴミを通して垣間見えるのは，良くも悪くも人間＝生活者の赤裸々な姿であることは今も昔も変わりなく，考現学の本質もここにある。

〈b〉風俗調査――「表層」から時代の本質をえぐり出す
　ここでの風俗調査とは，もっぱら一定エリアにおける通行人や，任意の場所における人々の服装調査を主として指している。その中でも今和次郎の「東京銀座街風俗記録」のように，男女別，職業(階層)別に，服からネクタイ，メガネ，携帯品までをも含んだ総合的・網羅的な調査が存在する一方で，極めてパーソナルな「靴調査」「制服調査」「ウェ

ストポーチ調査」といった類の調査も多い。また，ファッションそれ自体の傾向や，流行，色などに焦点をしぼるケースと，特定のファッションの割合や男女比，場所による比較などを行なう場合とがある。いずれも記録者の興味が調査内容に反映しやすいジャンルで，特に純粋な好奇心をダイレクトに記録に生かした個性的な調査を行なうのは女性であることが多い。さらに進んで銭湯，デパートの下着売り場，髪型など，いずれも女性ならではの観察眼が生きてくる考現学が過去実施されている。

　同時に，より一層具体的なデザインリサーチ行為として，喫茶店で使用される家具やカップ，照明などの調査，雨傘のバリエーション，コインロッカーの利用，電車などの交通機関を調査することもあり，風俗調査は前項〈a〉で紹介した都市の調査よりも，具体的な問題設定こそが効率よくリサーチを進める鍵となる傾向が強いと言えるだろう。いまだまとまった報告がなされていない「携帯電話」をめぐる風俗調査も，その成果が待たれている。

　人々の服装や携帯品などは，時代に左右される指標としての役割が顕著である。よってしばしば「表層的な記録」と思われがちな風俗調査だが，その意義は小さくない。特に都市部においては生活スタイルの変化に伴い，流行のサイクルが年々短くなっているのでこまめな調査は，たとえそれが場当たり的だとしても一定の価値ある報告として結実することが多い。「キックボード」「スターバックスのテイクアウト」「ユニクロのフリース」が私たちに及ぼした影響の本質は何であったのか。流行の核心とは，時を経て初めてわかる場合が多く，それはかつてジーンズが一時期の"流行"と認識されていたことからも明らかで，それらの考現学的記録は後年大きな意味を持つだろう。また，服装やモノを包括するような「社会風俗」的な内容を含んだ調査例も少なくない。これは特に地方における風俗調査として報告されることがしばしばある。東京の「コピー」ではない地域独自の「風俗」の可能性を取り巻

く議論は，地場産業などの地域経済の様相とも関係し，新しい地方のあり方の提示に結びつくと思われる。風俗はいずれ習俗となり，民俗へと変化するのである。

　実際の調査は「移動観測」が基本となるが，例えばある一箇所で通行人の服装を長時間記録する場合などは「定点観測」が用いられる(その場合は，特に信号のある交差点など人が立ち止まる場所を選び，記録者は建物の壁や看板などの，背後に寄りかかれるモノのある場所を確保することが肝要だ。通常，四方の通行者から受ける注目が前方のみに限定され，写真撮影やスケッチの際の手ぶれも軽減できる)。また，風俗調査も〈c〉の人物行動調査と関係性が深く，しばしば調査内容がリンクする。

　以下に風俗調査4例を紹介する。

●東京銀座街風俗記録(武蔵野美術大学短期大学部生活デザイン科, 1996年)

　今和次郎とその協力者によって1925(大正14)年5月7日から4回に分けて採集された「東京銀座街風俗記録」を，可能な限り当初の方法に従って再度試みたのがこの事例である。1996(平成8)年の10月29日と30日に15名前後の学生によって採集されたデータは，銀座の人出，銀ブラ族の身分から，携帯品，履物，髪型，髭といった具合に，かつての調査項目が踏襲されており興味深い。「70年という時間経過の結果が何をもたらしているかを端的に捉える手がかりが得られれば，とりあえずよしとする」という前提での調査は，1925年の調査が曇天，気温15度だったのに対し，快晴下，気温は25度で，「服装，履き物の比較のためにはきわめて大きな弱点」とコメントされている。[*4]

　大正末期の銀座は，女性10代，男性20代が多い「若者の街」であったが，1996(平成8)年では女性20〜30代，男性40〜50代の落ち着きのある年齢層の街となった。女性の「服装」の項目を見ても，その内訳は〈ワンピース，プリーツ，キュロット，普通，箱ひだ，ロング，ブー

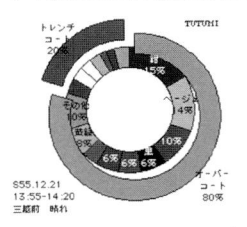

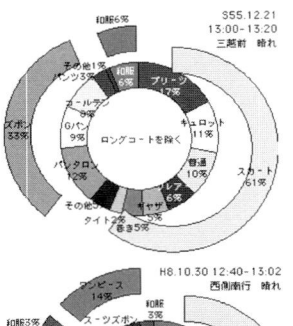

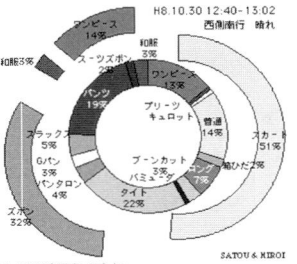

37. 堤浩子＋武蔵野美術大学短期大学部生活デザイン科「東京銀座街風俗記録」1980(昭和55)年
[図版は同大学生活デザイン科のWEBページ，1996(平成8)年より]

ツカット，バミューダ，パンタロン etc…〉と細目化の極みとなり，これも開きのある時代で対比した場合，顕著に現れる風俗調査の特徴だろう。記録はさらに「スカート・ズボンと上着のコーディネイト」にまで及ぶが，それも「記録」以下でも以上でもない，まさに「考現学」の成果である。

　もっとも，このときのコメントには，もともとの方法にかなり無理があったことに加え「短大1年の女子学生の生活歴の乏しさからくる観察眼の狂いは覆うべくもない」とも記されている。一般的に調査が大がかりになればなるほど，当初の予想が裏切られるデータが採集される傾向があり，それはともすれば〈単純でつまらなく見える〉データとなる場合も多々あるが，それもまた考現学という「客観的記録行為＝方法の学」の特性である。この事例は1925(大正14)年当時の調査を丁寧かつ忠実に再現したという点では類例がなく，記録者が採集結果に翻弄されながらもしっかりと向き合っているあたりは，考現学の理想論を語るのではなく「実際の問題点」を浮き彫りにしており，評価

できる。採集したデータをいかに解釈し，デザイン行為に生かすかは調査者各人の課題でもある。「今回これに臨んでくれた彼女，彼達が遅からず社会参加し，きわめて着実で誠意に満ちた仕事で世に応えることを確信する」とは，指導に当たられた酒井道夫教授の弁である。[*5]

● 池袋界隈にて（吉田謙吉，1973年）

「路上観察学会の始祖ともいうべき存在はむしろ吉田謙吉のほうであって，必ずしも今和次郎ではないように思われる」と熊倉功夫が示唆したように（井上忠司著『風俗の文化心理』）[*6]，吉田は考現学のスタート時から比較的継続的に，考現学調査を実践し続けた一人である。本業は舞台美術家であるが，特に風俗調査を得意として多くの記録を残している。

「池袋界隈にて」は1973（昭和48）年当時，池袋駅周辺の人々を対象

38. 吉田謙吉「池袋界隈にて」1973（昭和48）年

考現学の手法を生かしたデザインリサーチ　65

として行なわれた風俗調査である。現場でサラッと描かれたことが感じられる線画によるスケッチ＝記録は，決して上手いとは言えないが，それだけに臨場感が伝わってくる。考現学調査におけるイラストは，表現としての完成度が問題になるのではなく「記録としてのポイントを押さえている」ことが何よりも必要なのだ。また，後ろ姿の記録が多い点もスケッチによる採集の特徴と言える(実際問題として，通行人の正面からの姿を描写する際は，往々にして通行人から注目されることとなり，加えてある程度の描写技術力と習熟も必要になる)。

記録につけられているコメントも要点を簡潔に記しており，現状との比較や，環境論・都市論的にも意味を有する内容である。「東口の駅の新装された柱によりかかっている人待ち顔の人達の生態は，西側のそれではキャッチすることができない」「服装採集の上からも，銀座人種などと異り，勤め人群，リュックサック群，マーケット群と，かなりハッキリといくつかの群に類別することができる」[*7]といった具合に，これらはそこを生活の場とする者であれば誰でも気づくことかもしれない。しかしそういった「事実」を逐一記録として採集し，分析することが，風俗学や生活学の最も基本的な礎を形成する。平凡で無味乾燥な記録であろうとも，そこに記録者の「好奇心」の片鱗が感じられる調査は，時代の変遷にも耐え得る貴重なデータとなるのだ。「採集図中のごとく『話のタネ』に十円の五もくそばを，息を吹き立食するもよし」などというコメントに合わせて「どれでも 10 エン」で買うことのできる食べ物の記録を添えている点などは愉快で，彼の風俗調査にさらなる奥行きを与えている。

● 渋谷センター街プリクラの人 (大田垣晴子，1997 年)

大田垣晴子は，ある意味で最も純粋な形で今和次郎の考現学を今日実践している一人かもしれない(このように堅苦しく書くと，本人にはおそらく笑われてしまうだろうが……)。今和次郎の考現学に刺激

39. 大田垣晴子「渋谷センター街プリクラの人」1997(平成9)年

されて始めたという彼女の採集は，図解の方法も『モデルノロヂオ』を意識していることは明白で，自らをイラスト化したキャラクターに説明を語らせている点をはじめとして，最終的な報告をマンガ的表現との融合によって仕上げている。この表現の新しさは多数存在する「イラストルポ」の類とは一線を画し，アウトプットとしての完成度も高い採集事例と言えよう。

「渋谷センター街プリクラの人」は社会現象にもなった「プリント倶楽部」利用者の採集である。親子連れなど幅広い年代に受け入れられたことがプリクラのヒット要因の一つでもあったが，この報告例では場所柄，カップルや女性同士が中心のデータとなっている。1997(平成9)年当時の若者の服装傾向，カップルおよび女友達の服装のバランスなど，プリクラを媒介として様々な風俗傾向を見出すことが可能だ。もちろん「過剰な深読み」は最終結果の分析段階において厳重に注意す

考現学の手法を生かしたデザインリサーチ　67

べきことであるが,欄外に記されているコメントの「それにしても女の子友だちというのは双子のように似ていることが多い」[*8]点などは,彼女の主観や状況の偶然性を差し引いても,一考に値しよう。「何気なく感じたこと」こそが新たな調査の道標となる。

　美大出身の大田垣だけあって,マンガ的な人物描写はたけていて,現代的かつ親しみが持てる。近年は読ませる文章力も手伝ってか,オーソドックスな考現学的調査の域を出て,様々なルポ＝採集を手がけ,確立したスタイルのイラストを用いて精力的に発表を続けている。いずれも「考現学」的な視線が感じられる楽しい仕事だ。個人的には今後再び,この混迷する時代状況に切り込むべく徹底的な(そして肩の力の抜けた)風俗「採集」に期待したい。

● 町屋調査(臼井新太郎, 2001 年)
　東京都荒川区の町屋駅前における,オーソドックスな「女性の風俗」(髪型・髪色・服装)調査である。区役所が比較的近所に位置し,隅田川も近い下町的要素の残るエリアなのだが,現代的な駅ビルが建ち,「区内では若者の集まりやすい場所」という情報があり,記録者はそれに疑問を感じたのが調査の動機となっている。実際は事前に用意した調査票をもとに 2 時間ほどの調査を 4 つのセクションに分けて記録,自転車に乗る女性も含めた採集内容を分析した。地元の女性が多いことは想像に難くないが,服装的には予想に反して,渋谷などと比較しても極めて「派手な」人が多いデータとなっている。上野を含めた周辺地域の継続的調査が期待される。データ自体を見ると確かに若者の割合が高く,これは都電,京成本線,地下鉄千代田線の駅に加えてバス停もあるといった,地域のターミナルゆえの現象であろう。

　こういった調査対象が明確な記録採集には,定型の調査票を事前につくっておくと整理に際して重宝する。体裁は自分が必要と感じる記入要素が描き込める,シンプルなものでよい。あまりにも細分化した

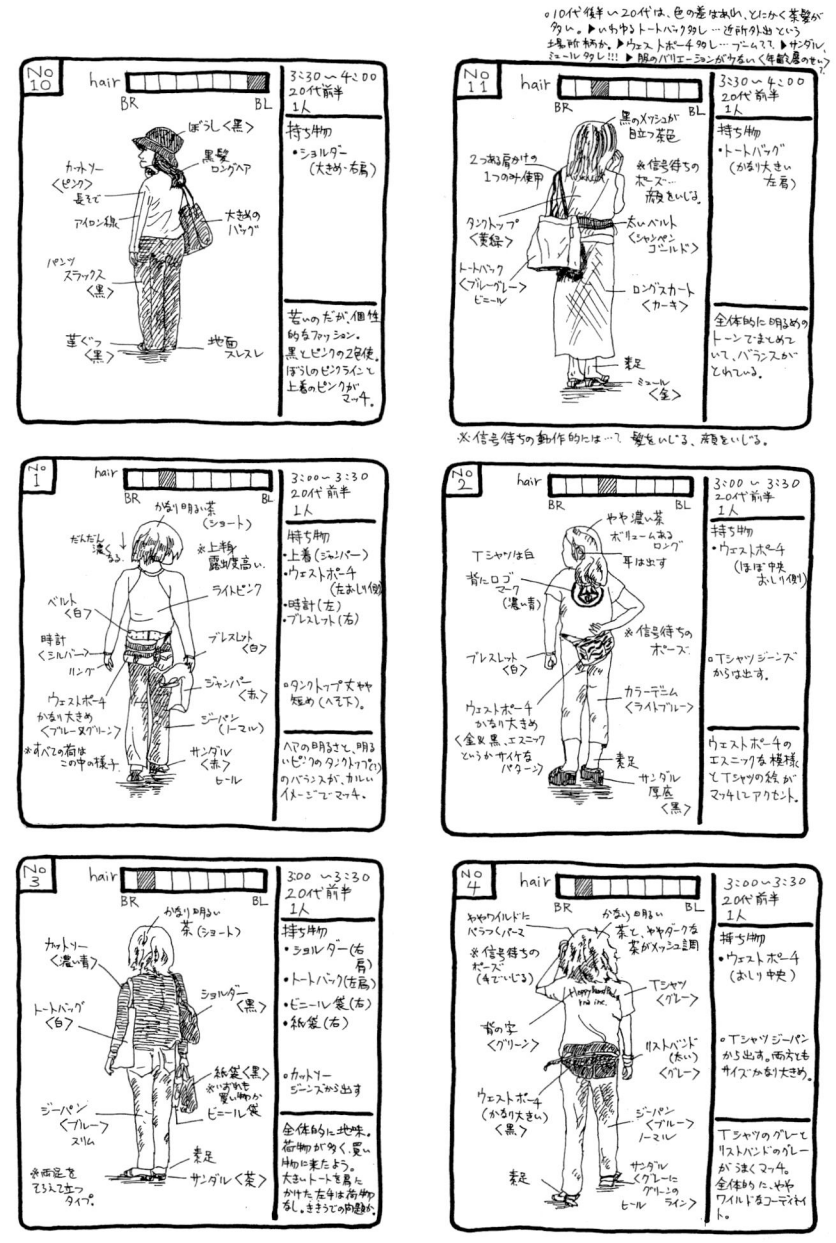

40. 臼井新太郎「町屋調査」2001(平成13)年

考現学の手法を生かしたデザインリサーチ

項目立てを設定すると，現場でのギャップに悩むこともあるので要注意だ。本例の調査票では，髪の色を黒〜茶のベクトルでパーセント表記している点などは目新しい。もちろん，スケッチに加え，現場で撮影した写真をもとにイラストとして整理する方法も有効である。特に服装の色に関してはカラー写真での撮影が威力を発揮する。写真をイラスト化のために再度手を動かし再現する行為も，一歩引いて対象を眺めることにつながる。また近年ではデジタルカメラやカメラ付き携帯電話も普及したが，これもファインダーを覗かずに撮影が可能な点（調査対象から過剰に警戒されない），取り直しが可能な点など便利な機能が多く，調査内容に応じた使用は効果的だろう。

〈c〉人物行動調査——「人の行動」に意識的であれ

　ここでの人物行動調査とは，その名が示すように「人々の行動に関する調査全般」を指す。特に，実際にデザインされたモノを利用する生活者＝人間の行動を調査するケースは，結果が直接的なデザインリサーチの課題として記録者にフィードバックされるし，また「しぐさ」や「合図」といった単純な行動チェックにしても，調査者は生活者一人ひとりの心意や，人と生活空間の「交差領域」を再確認するに至り，あらためて，人々と社会的環境の〈接点〉に対する意識を強くすることだろう。そこから「では私たちは，いかにして生きるべきか？」という問いが発生することになる。

　調査分類としては，特定の人を集中的に記録するケース，数人のグループにおける各人の行動を個別に記録するケース，複数人の集団の歩行ルートやエレベーター・階段の利用状況などを記録し，集団心理の問題にまでデータを発展させるケースなど様々である。「吊り革の握り方」といった具体的な疑問を解明すべく調査を設定する場合もあれば，「人待ちのしぐさ」のような意識下の行動を調査する場合もあり，そのバリエーションは多様だ。いずれも私たちの「行動」に対する固定

概念を，しばしば打ち破るようなデータとして具体化することも多い。

　数人で構成された動きの少ない調査対象に対しては，「定点観測」による調査が特に有効である。「ファーストフード店における利用者のハンバーガーの食べ方」などは自らも客としてテーブルを確保し，自身の食べ方との比較でそのスタイルの一般度をおしはかると効果的であるし，「書店の立ち読み客調査」なども客の集団に紛れて，細部まで観察眼を光らせつつ調査を進める。また，ある程度多くの人々が歩行するルートや，行動をリサーチする場合などは，歩道橋やビルの外階段などを使い「上からの目線」で対象を追うと記録が楽になる。

　また,「移動観測」による調査は,「カップル行動調査」「買い物客の動線調査」などにおいて，しばしば行なわれる。移動観測は前もって一定範囲を設定しておいて，そのエリア内での記録に徹することが一般的だが，ときに「尾行調査」のように，徹底的に対象の行動を記録する例もあり，これにはかなりの根気と注意を要する。そもそも，尾行調査を行なう必然性のある問題設定が熟慮されたかが問われることにもなろう。さらに「ホームレス生態調査」のように，広範囲かつ敏速な移動を伴わない対象を記録する際に，こちらから動き回って調査する必要が生じることもある。

　人物行動調査は〈b〉の風俗調査との関連も強く，非常に複合的な領域でもある。例えば"携帯メールを送る人と，それを横から見る人の関係性"などは,「携帯電話」というモノのあり方と利用者の動作を，さらには周辺の人々との行動比較までをも同一レベルで記録，認識する必要がある。いずれも調査者の好奇心がベースとなる点はこれまでの調査領域と相違ないが，あくまでも興味本位にならぬよう心がけ，統計的な一貫性のあるデータが得られずとも作為的な操作をしてはならない。一定の「主観」にもとづく調査題目の設定とデータ解釈からはいずれの学問領域も完全に免れることは不可能だが，それは記録者の「作為」とは違うのである。

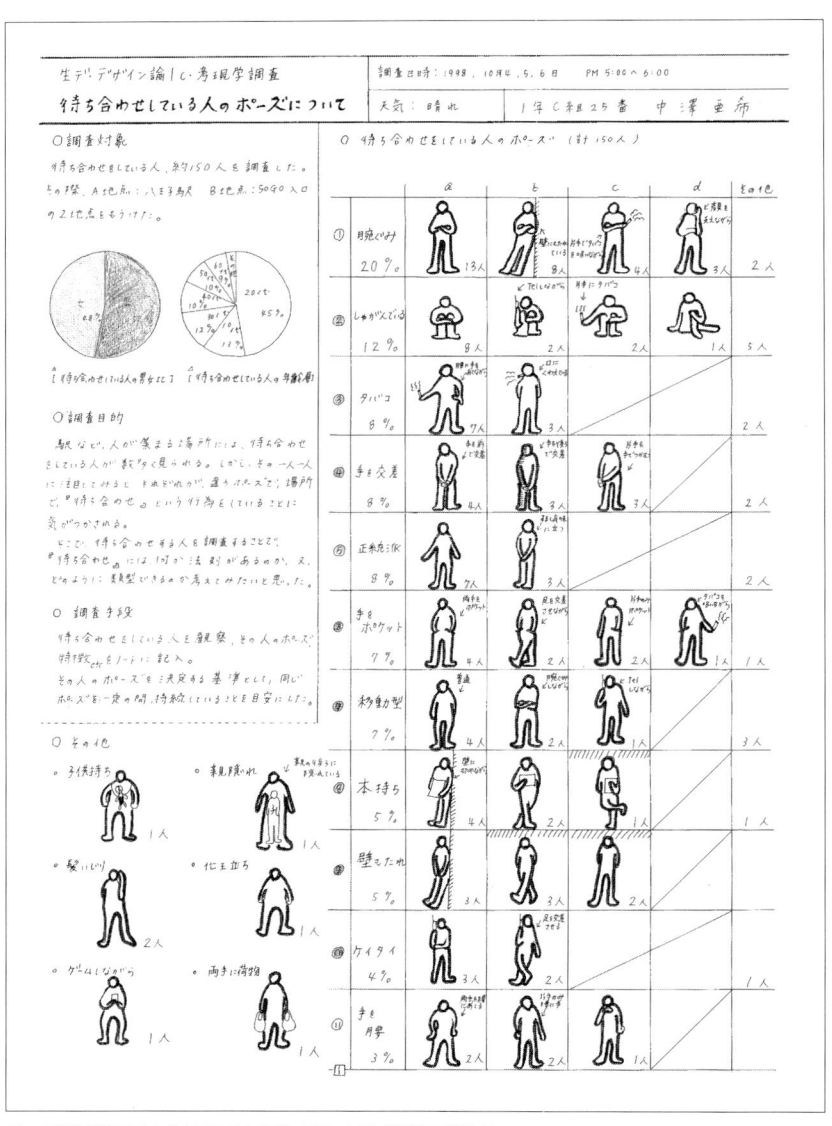

41. 中澤亜希「待ち合わせしている人のポーズについて」1998（平成10）年

●待ち合わせしている人のポーズについて(中澤亜希, 1998年)

　「待ち合わせをしている人」のポーズ, 特徴などを記録し, その類型化を試みた, シンプルながら正確な記録に好感が持てる採集例。人の「待ち合わせのポーズ」はまさに千差万別で, 人類学や人間行動生態学的な問題も内包されており, 同時にそれは「待ち合わせ場所」の特性や, 「待ち時間」などにも左右される, 難しいテーマである。「規則性がありそうでない, なさそうである」のだ。

　この事例では, 調査後の〈考察〉で「(待ち合わせ)場所の作りと(人の)癖」の影響が挙げられている。また, ポーズの成立は「無意識のうちが多い」とあるが, その無意識とは, 必然的なある種の状況(体調, 身体機能の具合, 服装, 手荷物 etc.)に裏打ちされた「結果」でもあるはずだ。大きな手提げカバンを持ちながら腕を組む人は少数だろう。さらに「地べたにカバンを置きたくない」理由として, 〈エルメスのトートバックが汚れるとイヤなので〉カバンが重くても置けない女性がいる一方で, たとえ軽くても〈中身が夕飯のお総菜なので〉心理的に置けない主婦もいるはずである。こういった持ち物との関連で考察を試みると位相の異なる拡がりが出るし, さらに服装の差異から生じるポーズの違い(むろん案外違わない可能性もある)などにも言及が必要になってくる。

　1回の調査では制約があるのは事実だが, 「結果の分析」から導き出され, 再認識させられる生活者の「意外な行動」も多いため, 調査時は対象に対して, 可能な限り多くの要素を記録しておく心構えで向かおう。

●座る(中澤亜希, 1999年)

　この「座る」は「待ち合わせしている人のポーズについて」を発展させた同調査者の, 大がかりな報告である。特徴の異なる場所で対比的に採集した極めて考現学的なリサーチ例で, 〈動的な場〉としては「JR中

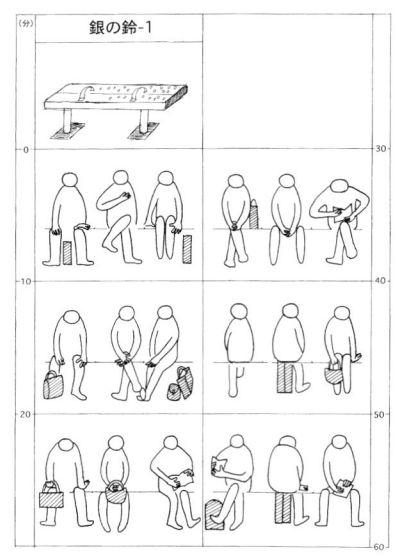

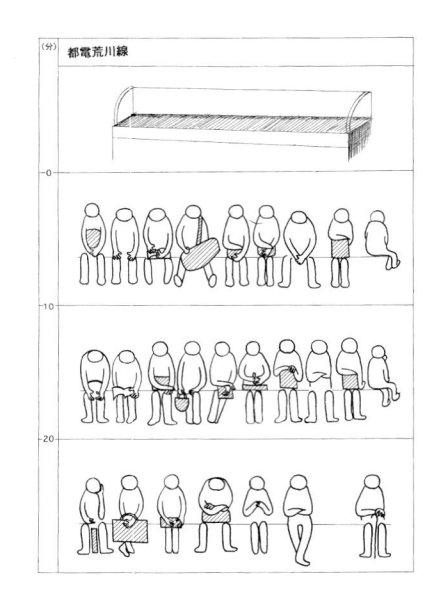

42. 中澤亜希「座る」1999（平成11）年

央線，都電荒川線，新交通ゆりかもめ」が，〈静的な場〉としては「JR中央線四谷駅，都電荒川線王子駅，新交通ゆりかもめの各ベンチ」「喫茶店，ファーストフード店」「銀の鈴（JR東京駅の待ち合わせ場所）」「井の頭公園，新宿中央公園，上野公園の各ベンチ」が選ばれている。

　この調査は，昔の駄菓子屋の型抜き菓子のように，座っている人間と持ち物，椅子のアウトラインをかたどって種々並べてみると，どのような見え方をするのか，の実験採集でもある。顔や服装などの細部を省略することでいっそうあらわになる座るしぐさを，〈場〉や〈持ち物〉や〈他者〉との関係性でとらえようとした点が面白い。もっとサンプルを集めて「しぐさ百態」を〈民族〉などの諸条件とも対応させ，「座る大図鑑」として展開させることも可能であろう。

　個々の採集分析はもっともなことが多く，劇的な変化や驚かされるような行動例は，この調査では報告されていない。公共の場で，しかも一過性で利用される「椅子」の調査の限界なのかもしれないし，「座

る」行為に過剰な意味付けを期待しがちな私たちの「思い込み」に対する警鐘とも言えるかもしれない。

　いずれの報告も60分単位で調査されており，「この日初の横座り」が調査から50分後に記録されるなど，根気の必要な調査である。繰り返し調査する場合，座る人々の入れ替わりが一目で分かるような図示の工夫も必要だろう。

● 電車内コミュニケーション調査（臼井新太郎，1994年）
● 参考・おしるこ屋の客しらべ（吉田謙吉，1971）

　前掲中澤の「座る」に関連して紹介するこの「電車内コミュニケーション調査」は，JR山手線の車内で，7人掛けの座席に乗り降りする乗客の行動を記録した事例である。

　ここでは特に記入のルール化に注目したい。中澤の調査ではメインの記録の横に縮小した同一図を配し，それを色分けして男女比と年齢層を示す手法が工夫されているのだが，ここでは赤いシールを女性，青いシールを男性として貼り，小さい黄色いシールを荷物として，その「置かれた場所」に貼っている。また，上部には，年齢層を10代ごとに数字記入して，グループにはアーチ形に線を引く。下部には「中吊・風景」といった目線の変化と「ウォークマン，ハイソフト食べる，歯の間をシーシー」という具合に行動を記入，また会話をしている人同士をアーチ形の線でつなぎ，さらに下車時には「／／」という記号を付けた。その他の特記や印象的な行動に対するコメントは，適宜ことばにより書き加えている。この統一化された記入法によってかなりの労力が省け，結果的にはデータの解釈も容易になり，また，乗客の服装記録を省いた分だけ，その他の観察が詳細に及ぶ結果となった。立っている乗客との関係性が（一部を除き）記入されていないので，〈あいている座席〉の意味解釈にまで考察が及んでいない点が難点と言えるかもしれないが，一定の類型化が可能な採集データになり得ていると

43. 臼井新太郎「電車内コミュニケーション調査」1994(平成6)年

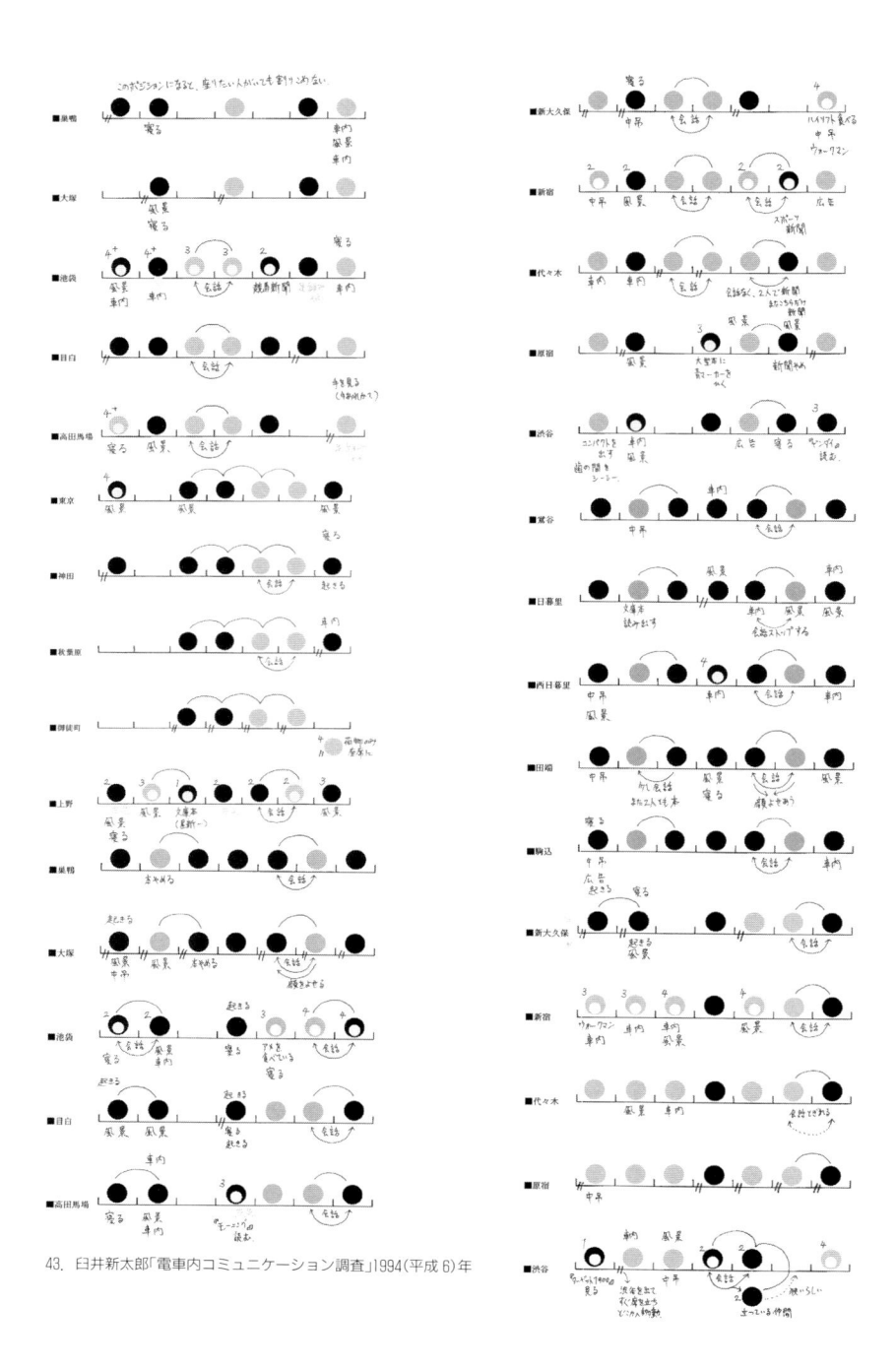

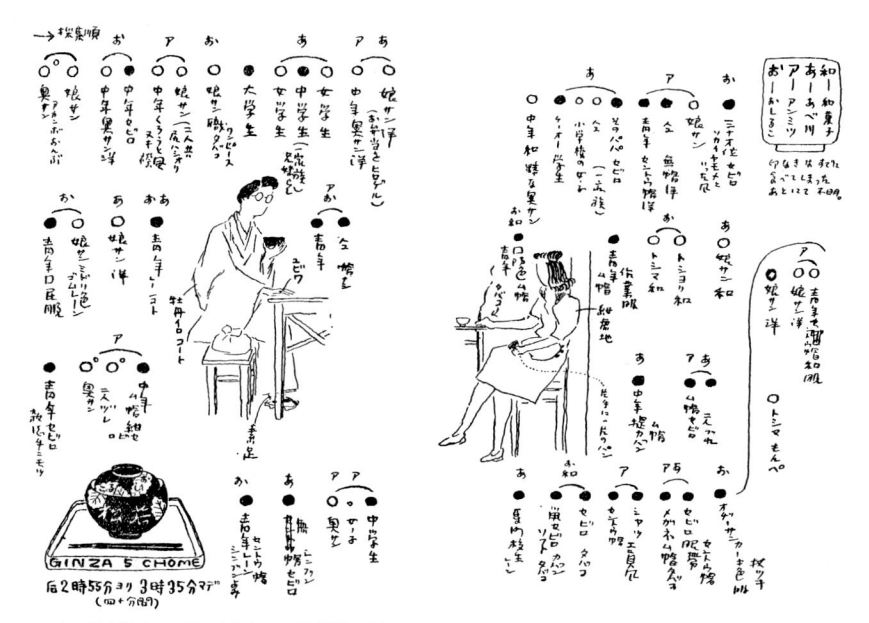

44. 吉田謙吉「おしるこ屋の客しらべ」1971(昭和46)年

思う。

　デザインリサーチの観点からも，車内携帯品の動向や中吊りの注目度をはじめ，手提げやハンドバッグの使用状態まで，モノの使用に対して「電車内」という二次的要素が加味されるため，記録の方向性次第でさらに有効的な調査に発展する可能性は高い。

　このケースでは，記録者も座りながら向かい側の座席の乗客を調査できることが，長時間の記録を可能たらしめている。記録者が隣に座った乗客からいろいろ話しかけられている点も興味深い。

　「おしるこ屋の客しらべ」は，吉田謙吉による採集で，前述の「電車内コミュニケーション調査」と本質的には近い表記法と言えよう。1971(昭和46)年時の採集であるが，採集順と男女別，食べた内訳(「お―おしるこ，アーアンミツ，あーあべ川，和―和菓子」と表記)が一目でわかる，効果的な記録例として印象に残る。

考現学の手法を生かしたデザインリサーチ　77

●竹の塚調査（臼井新太郎，2001年）

　この調査では，通行人の服装をはじめとして，「バスが来ない間のバス停のベンチ」，「クルマで駅へ送ってもらった人が降りるときに発することば」などの複合的な要素を，東武伊勢崎線竹の塚駅前で採集している。調査者は一人のため，採集に際しての定点を定め，その場所から動くことなく写真撮影とスケッチで採集を続けている。

　右の図版はその中から，調査例としては比較的類例のある「電話のかけ方」の例である。記録者正面左手に4つ並ぶ電話ボックスと，その右手に2台設置された公衆電話を，利用頻度，利用者の傾向などの観点から比較調査している。ここでは全体的に利用者に外国人が多く，通話時間も長いケースが多かったとされている。電話ボックスのドアを完全に閉めない人も多く（調査日の30度近い気温も影響している），また，電話ボックス内でしゃがむ人，携帯電話を持ちながら公衆電話を利用する人など，報告は当初の予想を超えた採集事例に及んだ。

　また，人物行動調査は時間の経過との照らし合わせによる解釈が必要不可欠となるので，本事例では通話時間とそれぞれのボックスの利用，利用者の行動を手帳（メモ帳）にタイムテーブルのように記入している。これにより利用頻度の高いボックスや，時間経過によるしぐさの変化などの把握が容易になった。「ミミズのように大地をはいながら，しかも鳥のように大地を見下す視点はないものか」[*10]とは多田道太郎のことばだが，これは人物行動調査において，最も顕著に痛感することだ。人々の行動の細部を見つめると同時に，あくまでもそれが環境的なファクターといかなる相関性を持つのか？　という問題意識を忘れてはならない。加えて，人物行動調査を行なっていると私たちの「予期せぬ場面」に出くわすことが多々あり，それらは何らかの形でデザインされた製品，ひいてはデザイン「行為」に，こじつけでなくフィードバックする。まずは一切の先入観をを捨てて，「記録者に徹し」対象に向かうことである。

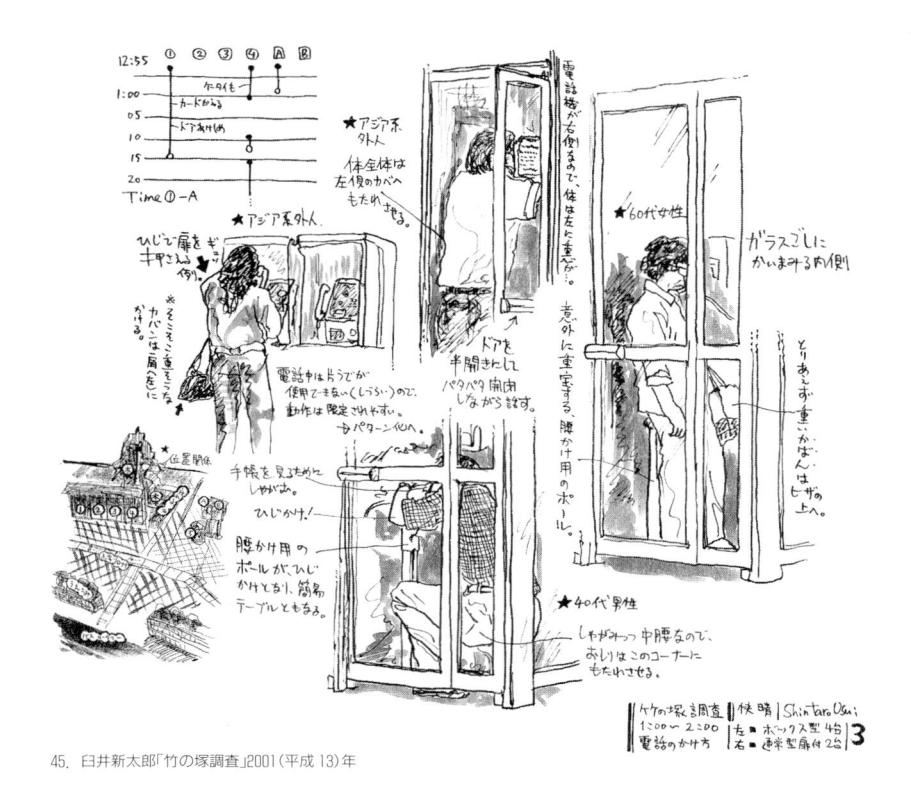

45. 臼井新太郎「竹の塚調査」2001(平成13)年

〈d〉その他――考現学に決まり事はない

　繰り返しになるが,「考現学」はあなた自身がデザインや表現行為を行なう際に, ふと疑問に思ったり, 違和感を感じたことに対して, まず「現場」へ出向き, 記録採集を通じてその「ありのままの現状」に対峙することが, 調査対象の如何を問わず基本となる。もちろん「一生活者」としてのより身近な問題意識に「考現学」をもって向かうことも重要な作業だろう。ゆえに, 前述した3ジャンルに分類できないような調査分野は無数に存在し, したがって調査方法もしかり, であるが, それは「方法の学」たる考現学の特徴に他ならない。ケース・バイ・ケースで調査方法を模索しつつ, 夢中で採集した記録群は, 総じて私たちの「発想」の次元を, その次段階のステップへとレベルアップさせる

考現学の手法を生かしたデザインリサーチ

に違いない。そのためには幾多の「失敗」と「無駄足」を経験し、「何の変哲もない採集事例」に困惑する機会もあるだろうが……。

　以下、紹介する事例は、調査内容の結果に秀でた成果が認められるわけではないのだが、それぞれの目的や好奇心に沿って特徴的な記録を試みたケースとして参考にしてもらいたい。

●大型映像考現学（臼井新太郎，1993年）
　これは、商業地域の活性化や流行発信に一定の役割をなしている新宿ALTAや渋谷109-2などの壁面に設置された、都市型「大型映像モニター」の存在に触発されて行なわれた調査事例である。事前調査で都内の大型映像モニターの設置場所と効果を調査したあとに、任意の場所を歩き、モニターの設置にふさわしい場所をリサーチしつつ、考現学的な「現場主義」にもとづきその「ソフトウェア的側面（＝新たな用途など）」に対する考察が同時になされ、結果、10通りの多様な提案に至っている。調査時からアウトプットの姿をダイレクトに意識したこの〈提案型考現学〉の事例には、むしろデザイン・サーベイ的なニュアンスが多分に含まれているが、あくまでモノや都市環境のつくり手と、そこに営む生活者なる存在の狭間からの発想が「新たな提案」として具体化されており、通常のサーベイの範疇とは性格を異にする「考現学」的調査にもとづく成果と言えるだろう。また、この事例に限らず実際のハードウェア担当者など、専門分野や立場の違いによる発想の差を有する者とのチーム（共同作業）でリサーチを行なうと効果的な場合も多い。

　当事例では、例えば下町の考現学調査が、商店街の地域密着型マルチビジョンの提案に至っている。中央の大型モニターで漫才などの映像を流すと同時に、左右の小型モニターで商店街をスポンサーとする宣伝をランダムに流す提案などは、単純なアイディアながらかつての「街頭テレビ」に経済的効率が配慮されたような、現代的な可能性も有

46. 臼井新太郎「大型映像考現学」1993(平成5)年

する提案だ。ときに最新のニュースをリアルタイムに可視化する"映像"というメディアを用いながら，その発信先は下町の商店街という〈閉じた空間〉である点も面白い発想だろう。また，「仏閣映像板」と称された寺社仏閣における「多目的」大型映像の提案も，下町の調査が生み出した具体的かつ独創的なアイディアである（かつて早稲田の杜で200インチの大型映像を用いた「仮想礼拝」が行なわれた例もあるが）。

　結果的に，マス・アピールを目的とする都市型モニター的な傾向の提案よりも，より生活密着型のプランニングが全体的に多くなっている点が興味深い（報告は，現場で撮影した写真やスケッチに，手描きでコラージュするという古典的な手法がとられている）。

●ポリ袋の音（岡本信也＋岡本靖子，1997年）
●銀座通行人のリズム（吉田謙吉，1930年）
●参考・風俗記録法の新案（坪井正五郎，1888年）

　日常的な生活空間から聞こえてくる音に対して，私たちは案外無意識である。一年ぶりに聞く蟬の声や，今まで聞いたことのない類の「騒音」など，特に〈特徴的な音〉によって，ようやく「外界の音」を意識させられることも少なくない。そんな無意識下の音の収集に，考現学の担い手たちはときに意を注ぐ。普段聞き流している音を意識化する試みは，まさに「考現学」にうってつけなテーマではあるが，「音を記録する」という極めて漠然とした命題に加え，具体的な記録法にも悩むことになる。

　「ポリ袋の音」[*11]は，前出の岡本夫妻による採集であるが，これも明快なイラストと「カサカサ」「シャリシャリ」というカタカナによる「音色の表記」が，私たちに実感としてその音を再現してくれる。プリミティブ極まりないこの手法による報告が，これほどまでにリアルに感じられるのは，今日一般化した「ポリ袋のある風景」の共有と，何よりもあのカサカサという「音」が，私たちの「日常音」そのものだからであろう。

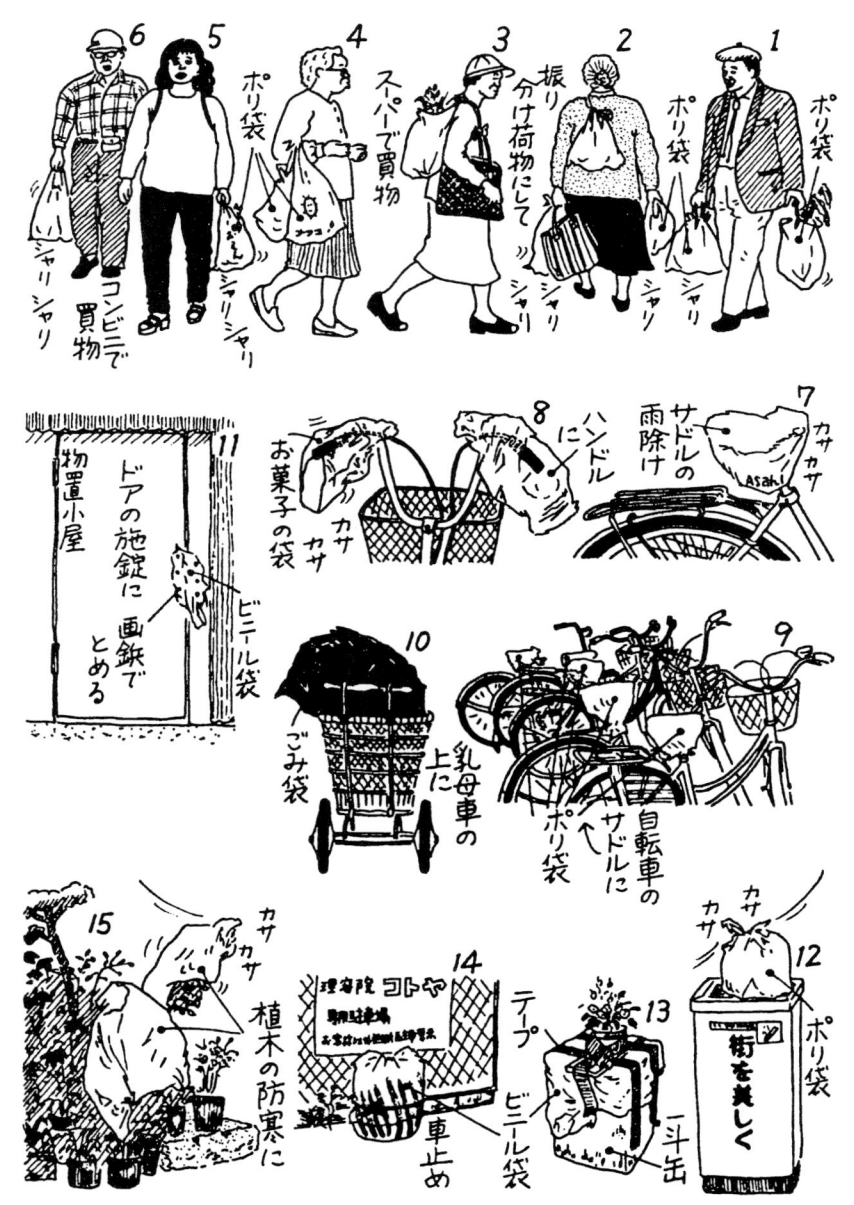

47. 岡本信也・岡本靖子「不思議いっぱい」1997(平成9)年（提供：毎日新聞社）

考現学の手法を生かしたデザインリサーチ　83

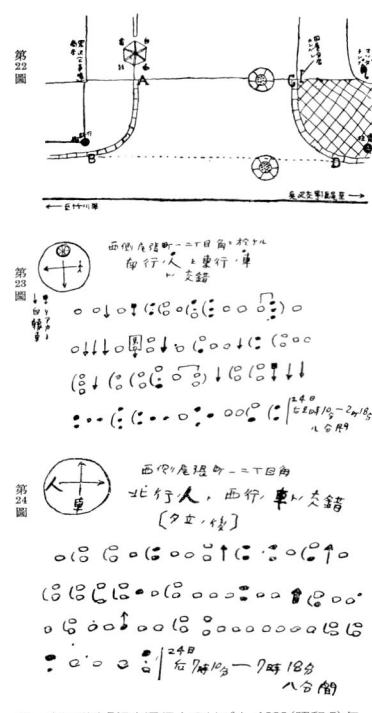

48. 吉田謙吉「銀座通行人のリズム」1930(昭和5)年

〈自転車のサドルの雨除け〉〈ドアの施錠にビニール袋を画鋲でとめる〉〈乳母車の上にごみ袋〉と，それぞれの報告も具体的かつ鋭い。ここ20年で紙袋からその役目を奪ったスーパーやコンビニのビニール袋。「現代の暮らしの音」(岡本)として象徴的なモノであり，継続的な調査を期待したいテーマだ。

また，吉田謙吉はかつて「東京銀座街風俗記録」の「通行人のリズム」で，新しい記録方法を試みた。[*12] これは時間的経過に伴う人の動きを，ことばやイラストではなく，〈記号の配列〉によって書き表そうとした試みである。それは「律動舞踊のリズムを表す形式から思いついた」アイディアで，なるほど譜面的な印象を受ける。実際に聞こえる音とその発生する状況要素を「イラストとことば」によって定着させた「ポリ袋の音」とは対照的に，人の織りなす風景を「リズムが感じられる」記譜化によって具現化する手法は斬新だ。抽象的な図像や記号による記録から人々の行動という「具体的なイメージ」を喚起させようとする行為は，それ自体が新たな「表現」を付加したデザイン行為としても成立している。今和次郎もこの方法を気に入っており，いくつかの調査で用いている。もっとも，この採集方法は時間軸における正確さに欠ける点や，通行人と車の「交差」が紙の上では「左から右」への記譜によって再現されるため，今一つ実感がわかない点など，方法論としては若干難点があるように思われるがいかがであろうか。いずれにしても「通

風　俗　種　目	風　俗　号	風俗符	風俗略符
全　体　日　本　風	東東東（EEE）	───	○
頭　の　み　西　洋　風	西東東（WEE）	⌒⌣⌣	／
服　の　み　西　洋　風	東西東（EWE）	⌣⌒⌣	―
履物のみ西洋風	東東西（EEW）	⌣⌣⌒	＼
頭と服と西洋風	西西東（WWE）	⌒⌒⌣	／＼
頭と履物と西洋風	西東西（WEW）	⌒⌣⌒	∧
服と履物と西洋風	東西西（EWW）	⌣⌒⌒	＼／
全　体　西　洋　風	西西西（WWW）	⌒⌒⌒	△

49. 坪井正五郎「風俗記録法の新案」1888(明治21)年

行人のリズム」からは，オリジナルな「記録の学」としての考現学の可能性を感じ取ることができよう。この完成し得ていない方法論を成熟させるべく，トライアルを繰り返すことも，今日，考現学を試みようとしている私たちの課題である。

　一方，〈日本人類学の父〉と称される坪井正五郎は，前述したように，かつて考現学の前身とも言うべき種々の「風俗測定」を実践した人だ。その記録には合理的な符号化が試みられており，参考として一例をここに紹介する。[*13] これは上野公園における風俗測定の際に用いられたもので，髪型，服，履物の3種に「日本風」なら直線，「西洋風」なら曲線を当てはめている。この"風俗符"は調査時にすばやく記入するには不便という理由から，結果的には実際に採集した8通りの分類をもとにシンプルな3角形によるパターンの使用へと「洗練」されることになった。実践的な記録採集の方法論は，坪井正五郎以後，ときには「記録」に徹することにウェイトが置かれ，ときには「表現」としての要素を色濃くしつつ，多様なバリエーションが試みられていくことになる。

● 昼酒飲み達の生態観察（山田真澄＋よっぱらい隊，1998年）
　考現学を用いたリサーチは，スケッチや写真がまったくなくとも成立する。統計や文章による記録が詳細であれば，それはときとして

> 報告3［立ち飲み屋で飲む］
> 8月25日(月)14時15分頃
> ●南海難波駅近くの立ち飲み屋(外からの観察)／快晴,おそらく店内は冷房が効いている／客は10人程度,確実に飲酒しているのが見えたのは3人
>
> A　50代前半の男性。ワイシャツ・ネクタイのサラリーマン風。遅い昼食であろうか,おでんを肴にしながら生ビールを飲んでいる。
> B　40代後半の男性。白のポロシャツ着衣。串カツをおかずにチューハイを飲んでいる。
> C　50代前半の男性。白いシャツ着衣。職業は不明。カウンターにひじを着いて何とか体を支えながら飲んでいる。顔はかなり赤く,目はイッてしまっていたように見えた。かなりの酔い方。飲んでいるのはチューハイであろう。
>
> おそらく客は皆,何らかのアルコールを飲んでいたのであろう。件のヨッパライを除けば,話ははずんでいるだろうが,比較的おとなしく飲んでいるように見える。店の前を歩く人たち(特に男性)は,店の方をチラッと見ながら歩いていく。
>
> （報告者　小林愼二隊員）

50. 山田真澄＋よっぱらい隊(くろだゆき,水木潤,小林愼二,田口みどり)「昼酒飲み達の生態観察」1998(平成10)年

「恣意的」になる図像的要素の果たす役割を補ってあまりある報告となり得るのだ。実際,街中や飲食店内での撮影は状況的に不可能な場合もあるし,人目が気になることもあるだろう。スケッチによる採集は,それが不得手な人にとっては大きなネックになり,意義ある問題意識がスケッチを理由に採集へ至らないことは本末転倒だ。

　この「昼酒飲み達の生態観察」*14 は文章のみで構成された報告例である。調査事例も少なく,分析も不十分なのだが,「昼間から飲む人は,どこか不健康そうで,まっとうな暮らしをしていない落伍者のイメージがある。でも実際はどうなのだろう」という素朴な調査動機に共感が持てる。場所柄や職業比較などによる考現学調査の内容次第では,単なる好奇心的な次元を超えた面白いデータが得られるであろうことが予想されるテーマ設定である。

　内容的には,［報告3・立ち飲み屋で飲む］では,「南海難波駅近くの立ち飲み屋で,午後2時過ぎに10人程度の客のうち3人が確実に飲酒。Cは50代前半,白いシャツ,職業不明,かなりの酔い方。店の前を歩く人たち(特に男性)は,店の方をチラッと見ながら歩く」といっ

た調子なのだが，こういった気軽な調査を糸口として，その背後に潜む"日頃見えざる問題"に迫り，あくまでその人なりに"見えるように"なればしめたものだ。考現学調査はその実行にあたって「身構える」必要はない。日常的な生活の延長線上に「考現学」は存在する。興味深い対象を発見したその時点から採集が始まる。考現学は私たちの日常生活上に浮かび上がる「疑問点」や「問題意識」に対峙する際の，一つの〈姿勢〉とも言えよう。眼前で起こる現象に絶えず自覚的な「生活者」こそが，私たちの目指すべき考現学の実践者なのである。

●註
1―妹尾河童著『河童が覗いたニッポン』(新潮社　1997年)
2―青林工藝社　2000年
3―岡本信也・岡本靖子著『万物観察記』(情報センター出版局　1996年)
4―武蔵野美術大学生活デザイン科WEBページ『東京銀座街風俗記録』(1925-1980-1996年)，以下引用文同様／http://www.seide.musabi.ac.jp/work.html
5―ここでは1996年の調査結果についてのみ言及したが，同様の調査が堤浩子によって1980年にも行なわれている。
6―世界思想社　1995年
7―吉田謙吉著『女性の風俗』(河出新書　1955年)，以下引用文同様
8―大田垣晴子著『ふつうのファッション』(メディアファクトリー　ダ・ヴィンチ編集部　2001年)
9―吉田前掲6
10―多田道太郎著『風俗学　路上の思考』(ちくま文庫　1987年)
11―岡本信也・岡本靖子「不思議いっぱい」，『毎日新聞東海版』(1997年11月8日)
12―今和次郎・吉田謙吉編著『モデルノロヂオ(考現学)』(春陽堂　1930年)
13―坪井正五郎「風俗測定成績及び新案」，『東京人類学会雑誌』3巻28号(1888年)
14―山田真澄＋よっぱらい隊「昼酒飲み達の生態観察」，現代風俗研究会編『不健康の悦楽・健康の憂鬱／現代風俗'98-'99』(河出書房新社　1998年)，以下引用文同様

おわりに

　さて，ここまで読み進んできたあなたは，考現学の手法を用いたデザインリサーチの概要を，おぼろげながらも感じ取ることができたであろうか。今和次郎らによって創始された「考現学」の内容と変遷，手法，1970年代から現在に至るまでの実践例，さらには実際の調査報告に見る種々の具体例などをたどってきたわけだが，学生諸氏の中には"フィールドワーク自体に夢中"になりそうな人がいる一方で，実際のデザイン行為のダイナミズムとはある意味でかけ離れた採集調査に，そもそも興味が感じられない人もいることだろう。事実，考現学とデザインリサーチを結び付けた類例は決して多くなく，しかも，考現学は「方法の学」であったにもかかわらず個々の方法論において完全とは言い難く，その実践にあたって明解なノウハウがあるわけではないために，ともすればいらだちを覚え，また調査対象に翻弄される長時間の採集に体力的な辛さを感じ，ひいては"漠然とした"採集データの分析に頭を抱える事態が，往々にして引き起こされる。

　では，なぜ私たちは，方法論的にも学問的にも未成熟で，不完全な面を内包した「考現学」を，あえてデザインリサーチのカリキュラムに導入し，応用・展開を試みるのだろう。

　この問いに答えるには，まず「デザイン」という行為の意味を，今一度考えてみる必要がある。デザイン（design）とは，元来「何かを意図的に企てる」意味のことばだが，今日私たちの社会は，人間の営みの中で意図的に形づくられた無数のデザイン産物によって成立していると言っても過言ではあるまい。デザインに関わる者たちの大多数は，善かれ悪しかれ，これまで自らの「意図的な」デザイン行為とその産物に必

要以上の過剰な「意味」を与え，多くは「つくり手」としての立場からのみ社会に対し様々な提案を行なってきた。しかし，それらの提案および具体的なデザイン産物が十全に機能しているかどうかは一考の余地があるし，混迷する時代状況や自然環境の変化(悪化)によって，今日デザイナーには否応なしに既知の方法論からの脱却が強いられて久しい。些細(ささい)なモノのデザインから地球規模のグランド・デザインまで規模の差異はあれど，既存のデザインアプローチが通用しないこの転換期に，デザイナーが実践可能な「有効な手だて」とはいかなるものかを，真剣に問わなければならないのだ。

　こういった時代性を鑑(かんが)みると，考現学に秘められた〈可能性〉と今和次郎ら先人の思想が，にわかにリアリティを持って感じられてくるのである。今和次郎が日本人の生活実態を調査した大正時代は，前述したように明治政府による近代化政策が成熟してインフラの整備が進んだ時期であり，バラック(仮設住宅)の記録を開始したのも未曾有の被害をもたらした関東大震災の3週間後で，「東京銀座街風俗記録」も首都が震災の痛手から急速に復興しはじめた1925(大正14)年に実施されている。いずれも「衰微するもの」と「新興するもの」の"狭間"に生きる生活者の姿と都市のかたちを確認するための目線として考現学が利用されており，換言すれば，これらの採集背景に共通して存在する大きな"時代のうねり"が，今和次郎を考現学へ向かわせたとも言えよう。方法論の不備以上にその根底に脈々と流れる考現学的〈態度〉こそが，人々の意図的な眼差しから「外れた」部分を具体的に拾い上げる役をなし，それゆえ時代の本質を確認する有効な手段となり得たのだ。「世紀の転換期」を生きる私たちも同時代に対峙する手段として，その可能性を引き出すべく考現学を実践してみることは，自らのデザインリサーチの課題や疑問点に大きな成果としてフィードバックするはずである。さらに突き詰めて言えば，自分自身の問題意識が明確になった場合，デザインリサーチの方法論は考現学に限定されるのではなし

に，統計的なサーベイやルポルタージュ，民俗誌(エスノグラフィー)など，様々に分化していくことも当然あり得ることを付記しておく。

　ところで，考現学を試みる私たち一人ひとりが目指す具体的なデザインの目的は，様々に異なっている。ある人はグラフィック・デザイン，ある人はプロダクト・デザインを志し，また，ある人は具体的なデザイナーという職を選ばず，一人の「生活者」としてデザインに関わる道を選択するかもしれない。けれどもあらゆるデザイン分野に共通して言えることは，個々のデザインアプローチが存在すると同時に，それを取り巻く大きな社会性に対しての理解が不可欠であり，どちらかの視点が欠けても有効なデザイン的提案には至らないということだ。広い社会的視野を得るためのきっかけとして考現学は極めて現実的な手段であり，考現学における分析考察にはつくり手と使い手，専門家と非専門家といった〈主体と客体〉という二項対立を曖昧にする効果がある。交差領域という「第3の視点」からの調査・採集は，バリエーションに富む柔軟な発想を調査者に与える。その結果新たなデザイン産物を「生み出さない(＝生み出す必要がない)」という負の発想の結論へ至るケースもあるし，著述や行政，教育機関などに属し，具体的なデザイン行為「以外」の手段で「自らのデザインをめぐる課題」への対峙を試みる者も出てくることだろう。資本主義社会下におけるデザイン行為は，つくり手のイメージを具体化する表現行為である以上に，企業の経済論理や政治権力をも含んだ社会的な勢力との関係が常に問題となることは，すでに18世紀半ばに，デザインの商業主義化に警鐘を鳴らしたウィリアム・モリスの例を持ち出すまでもない。今和次郎は産業の近代化に伴う行動様式の変化や，戦後のアメリカ的消費文化といったファクターが生活文化の中の「風俗」として，最も顕著に表出するという本質を見抜いていたのだろう。

　様々な混乱の時代を経て曲がりなりにも現在の多層的な社会環境が形成された裏には，幾多のデザイナーの努力があり，生活者の知恵が

あったことは揺るぎない事実である。しかし、街全体が倒壊した阪神淡路大震災はいまだ私たちの脳裏に鮮明な記憶として残り、2001年9月のニューヨークでの大規模なテロにおいては、'70年代の建築デザインを象徴するビルディングが一瞬のうちに瓦礫の山と化した。いずれも、私たちがつくり上げてきた人工的環境が予想以上にもろい「表層」であることを、まざまざと見せつけられた出来事であったが、それは同時にその「表層」が、いかに生活者にとって重要かつ大切なものであったかを再確認することにもなった。考現学が採集対象として扱うのは人々の生活空間であるこの「表層」に他ならず、その意義も小さくないことがわかるであろう。私たちの予想を大きく超えた自然災害や社会的な事件、犯罪などは、今後少なくとも減ることはないと考えられ、ゆえにあらゆるデザイン分野を統合した複合的な立脚点からの社会へのアプローチが求められてくる。「縦割り」ではないデザインこそが、この複雑な時代の変化に対応可能な手段となるのだ。

　また、考現学は街や調査対象を多様な記号的要素として扱い、網羅的に採集するわけであるが、その解釈に際しては対象の持つ背景＝意味を捨象してはならない。デザイン行為もしかりで、細部と全体の「関連性」なくしてはモノは生み出せないというベーシックな前提を、改めて確認する必要がある。これは大きな事件や災害の例を挙げるまでもなく、「駅の自動券売機の前で戸惑う老人」の姿を思い起こせば、すぐにわかることであろう。タッチパネルの反応速度や色、コイン投入口やボタンのかたちといったユーザーインターフェイスには慎重な検討が重ねられたに違いないが、それでも利用に際して戸惑ってしまう人は存在し、その理由は、恐らく"年齢"や"慣れ"だけではないはずだ。モノと使用者の関係性、すなわちデザインを媒介としたつくり手と、社会性を有する使い手のコミュニケーションが、どこかで歪んでしまっているのであろう。また、ホームレスの調査を行なった際には、彼らが「枕（の代用となるモノを）を使うか使わないか」という項

目で，興味深い採集結果が得られたことがあった。調査前の予想に反し，枕を「使用しない」ホームレスから「少年マンガ誌と四角形の2リットルペットボトル」を重ねて枕代わりにする者まで，まさに千差万別のケースが認められ，私たちを驚かせた。これも勝手な思い込みに起因する「判断」への警鐘と言えよう。

　下世話な言い方をすれば"もうちょっと，ここがこうなればよい"という欲求の積み重ねがデザインの本質には存在する。「ペットボトルだけでは枕にはちょっと低いので，その下にマンガ雑誌を置く」という，原初的な人々の創造行為に〈触れ〉〈体感〉することが考現学調査の目的の一つでもあり，統計的調査からは読み取ることのできない「人間性」が現場からは採集できるのだ。「吊り革の握り方」には確かに多様なパターンが存在するし，リサーチをもとに「使い勝手のよい」吊り革のデザインを具現化することも可能だろう。しかし，その生み出された「新たなデザイン」のみがデザイナーにとって重要なのではない。吊り革を様々なパターンで握ってしまう「人間」という存在自体に思いをめぐらせることが，考現学を手段として用いることの本質的な意義なのである。もっとも人は時代性や地域，環境といった様々な要素に左右される極めて流動的な存在でもあり，つまるところ私たち自身が時代の底部とつながった"通底器"としての存在とも言えよう。したがって時局や場面に応じて様々に変化する行動や価値観を確認することがデザイン行為には求められ，そのとき，考現学が威力を発揮するのだ。2000年に渡辺誠の手による，「コンピュータプログラムで空間を自動発生させる，世界初の試み」が，都営地下鉄大江戸線飯田橋駅構内を対象に実施され，竣工した。この"手"を使わずに建築をつくる試みは，建築・都市の理論を科学として組み立てるデザインレス・デザインとして，大きな話題を呼んだ。これは"意志"を持つ私たち「人間」の発想や行動，さらにはデザイン行為の可能性がよりシビアに問われる時代を迎えたことを意味する，象徴的なトピックであった。

いろいろと述べてきたが，実際の考現学採集は事前の予想とは異なり理路整然とは進まず，また，調査時は記録に手一杯で個々の採集データが持つ意味を考える余裕すらない場合も多い。加えて，観念論で"頭でっかち"になると，調査と自らのデザイン行為に積極的な関係性を見出せなくなってしまい，悩む人もいるかもしれない。まずは抽象論はさておき，あなた自身が置かれている「それぞれの」立場から，"難しく考えずに"気軽に採集調査を行なってみることである。机に向かってデザインのアイディアを考える作業は，その後で十分だ。
　今和次郎の蒔（ま）いた考現学の種は，時の経過とともに育つのであろう。考現学はいわゆる体系的な方法論に依拠した統計的調査と呼ぶには心もとなく，学問的な即効性も有しないと前述したが，この視線の変化・発想の転換が「デザイン」と「社会」の連関を再確認するに際してどれほど有意義な"実践"であるかに疑いの余地はなく，欠点を補ってあまりあるとも言える。今和次郎の考現学を〈未完の学〉と一言で扱うのは，あまりにも危険であろう。むしろ完成の域に達することができなかったという事実が，私たちの社会，風俗，そして人々の心意性や行動の多様性（の本質）を期せずして表してはいまいか。雑駁（ざっぱく）な街や風俗といった社会の「現場」には，絶えず私たちへのリアルなメッセージが生起している。考現学は実際のデザインプロセスからは「遠回り」な作業かもしれないが，それは有意義な「遠回り」だ。あなたにはデザイナーである以前に，この地球上に生きる一人の「生活者」の立場から，同時代や社会を見つめ直す一つのきっかけとして，積極的に考現学を実践してほしいと願う。

（本稿は，「はじめに」「第1章」「第2章1」「第3章1」を田村裕が，「第2章2」「第3章2」「おわりに」を臼井新太郎が執筆した）

●参考文献

註に記載した引用文の出典の他，下記の出版物を主に参考とした。

三隅治雄・川添登著『早川孝太郎・今和次郎／日本民俗文化体系7』(講談社 1978年)

川添登著『今和次郎——その考現学／シリーズ民間日本学者9』(リブロポート 1987年)

川添登著『生活学の提唱』(ドメス出版　1982年)

●図版出典

図版番号1，2，7〜22，24〜26，48……今和次郎・吉田謙吉編著『モデルノロヂオ(考現学)』復刻版(学陽書房　1986年)

図版番号3，4，5，6……今和次郎著『住居論／今和次郎集　第4巻』(ドメス出版 1971年)

図版番号23，30……今和次郎・吉田謙吉編著『考現学採集(モデルノロヂオ)』復刻版(学陽書房　1986年)

図版番号27……川添登編著『おばあちゃんの原宿　巣鴨とげぬき地蔵の考現学』(平凡社　1989年)

図版番号28……現代風俗研究会編『貧乏　現代風俗'90』(リブロポート　1989年)

図版番号29……赤瀬川原平著『超芸術トマソン』(ちくま文庫　1987年)

図版番号32……妹尾河童著『河童が覗いたニッポン』(新潮社　1997年)

図版番号36……岡本信也・岡本靖子著『万物観察記——モノの宇宙を探検する超絶フィールドワーク』(情報センター出版局　1996年)

図版番号37……武蔵野美術大学短期大学部生活デザイン科 WEB ページ

図版番号38，44……吉田謙吉著『女性の風俗』(河出新書　1955年)

図版番号39……大田垣晴子著『ふつうのファッション』(メディアファクトリー　ダ・ヴィンチ編集部　2001年)

図版番号47……『毎日新聞／東海版』(1997年11月8日)

図版番号50……現代風俗研究会編『不健康の悦楽・健康の憂鬱／現代風俗'98-'99』(河出書房新社　1998年)

★おすすめの考現学関連文献リスト

今和次郎の著作や評伝は絶版,在庫切れが多いのが難点。比較的手に入りやすいのは『今和次郎集』全9巻(ドメス出版)や『考現学入門』(ちくま文庫),黒石いずみ著『「建築外」の思考——今和次郎論』(ドメス出版)などだが,書店になく,版元取り寄せになることが多い。図書館などで探して読む方が早い場合もある。下記のリストは2001年現在で,絶版,在庫切れの本も含めて掲載した。

●今和次郎・吉田謙吉の著作本

◎今和次郎著『日本の民家』(鈴木書店　1922年)／増補改訂版(相模書房　1954年)
民家研究の成果をまとめた今和次郎の初の単行本。何度かの増補改訂を経るごとに新たな民家を加える。早大の学生とともに行なった埼玉県秩父郡浦山村の調査も収録。

◎今和次郎著『民俗と建築——平民工芸論』(磯部甲陽堂　1927年)
「土間の研究図」「村の人のつくった橋」「ブリキ屋の仕事」などを収録。

◎今和次郎編『新版大東京案内』(中央公論社　1929年)／復刻版(批評社　1986年)／文庫本(ちくま学芸文庫　2001年)
オフィス街,デパート,盛り場,花柳界など,都市化と大衆化が急速に進む震災後の東京の姿をリアルにとらえたガイド＆ルポ。

◎今和次郎・吉田謙吉編著『モデルノロヂオ(考現学)』(春陽堂　1930年)／復刻版(学陽書房　1986年)
「考現学」を世に広めた最初の単行本。東京銀座街・本所深川・郊外風俗の3部作をはじめ,代表的な採集・調査を収録。

◎今和次郎・吉田謙吉編著『考現学採集(モデルノロヂオ)』(建設社　1931年)／復刻版(学陽書房　1986年)
上記『モデルノロヂオ』の続編的な考現学調査報告集。

◎吉田謙吉著『女性の風俗』(河出新書　1955年)
昭和21年から30年までの女性風俗を中心とした採集をまとめた新書版。

◎今和次郎著『ジャンパーを着て四十年』(文化服装学院出版局　1967年)
今和次郎の服飾論。服装改良の歩み,服装への発言,ユニホームについてなど,独特の気負いのない普段着感覚の文体で綴られた本。

◎今和次郎著『今和次郎集』全9巻(ドメス出版　1971～72年)
「第1巻　考現学」「第2巻　民家論」「第3巻　民家採集」「第4巻　住居学」「第5巻　生活学」「第6巻　家政論」「第7巻　服装史」「第8巻　服装研究」「第9巻　造

形論』。『モデルノロヂオ』『考現学採集』をはじめ，様々な媒体に発表された研究・論文を網羅的に集めて編さんした今和次郎の全集。「第1巻　考現学」は梅棹忠夫が「解説」を，川添登が「後記」を執筆。
◎竹内芳太郎編・今和次郎著『見聞野帖——今和次郎・民家』(柏書房　1986年)
民家の調査のために，全国各地を歩き回った今和次郎の採集スケッチを約360図収録。
◎藤森照信編・吉田謙吉著『吉田謙吉　Collection I　考現学の誕生』(筑摩書房　1986年)
『モデルノロヂオ(考現学)』や『考現学採集(モデルノロヂオ)』の他，雑誌などに収録された吉田謙吉の調査・論文を掲載。妹尾河童VS藤森照信の解説対談も収録。
◎藤森照信編・今和次郎著『考現学入門』(ちくま文庫　1987年)
『考現学／今和次郎集　第1巻』(ドメス出版)に収められた論文を多く掲載。東京銀座街・本所深川・郊外風俗の考現学3部作など，主要な考現学調査がコンパクトに収録されている。
◎荻原正三編・今和次郎著『欧州紳士淑女以外—今和次郎見聞野帖・絵葉書通信』(柏書房　1990年)
1930〜31年の欧州旅行の際，夫人に送った370余通の絵葉書や，清書ノート，日記，スケッチ帖などの旅行記を収録。

●今和次郎論・評伝
◎三隅治雄・川添登著『早川孝太郎・今和次郎／日本民俗文化体系7』(講談社　1978年)
民俗学との出会いと訣別をテーマに今の民家研究とバラック記録に焦点をあてた評伝。『民家論(部分)』などを収録。
◎川添登著『今和次郎——その考現学／シリーズ民間日本学者9』(リブロポート　1987年)
今和次郎の生い立ちから考現学の成立に至るまでの過程を，建築評論家であり，今の弟子でもある著者が詳しく描いた評伝。
◎黒石いずみ著『「建築外」の思考——今和次郎論』(ドメス出版　2000年)
今和次郎が遺した研究ノートや蔵書を足がかりに，その奥行きの深い研究と思想を解き明す今和次郎論。

●考現学や今和次郎について言及した本
◎長谷川堯著『都市廻廊——あるいは建築の中世主義』(相模書房　1975年)

第2章において,「建築の中世主義者」として今和次郎を取り上げ,その思想と行動を今の都市論やバラック記録を通して論述。
◎井上忠司著『風俗の社会心理』(講談社　1984年)／[改訂版]『風俗の文化心理』(世界思想社　1995年)
「風俗へのアプローチ」の章で,明治の人類学者・坪井正五郎の風俗観測や,考現学の手法などについて言及。[改訂版]『風俗の文化心理』は,『風俗の社会心理』を改題し,構成と内容を若干改めて発行されたもの。
◎宮田登著『新版　日本の民俗学』(講談社学術文庫　1985年)
「都市民俗学への道」において,考現学と民俗学の接点について言及。また,新たな潮流として,日本生活学会との協業の方向性についても指摘している。
◎佐藤健二著『風景の生産・風景の解放』(講談社　1994年)
「2章　遊歩者の科学——考現学の実験」において,「新しい主体的な視覚の実験」として考現学の方法について論述。

●日本生活学会関連
◎川添登著『生活学の提唱』(ドメス出版　1982年)
今和次郎の民家論,造形論,考現学等についての解説・論考や,『生活学』第一冊におさめられた論文「生活学の提唱」などを収録。
◎川添登著『生活学の誕生／生活学選書』(ドメス出版　1985年)
生活学の誕生に至る考現学との関連や,その理論と実践,各論としての「生活学ことはじめ」などを収録。
◎川添登編著『おばあちゃんの原宿　巣鴨とげぬき地蔵の考現学』(平凡社　1989年)
お年寄りにとって,とげぬき地蔵はどのような意味を持っているのか？　日本生活学会による考現学調査の報告書。
◎川添登・一番ヶ瀬康子編著『生活学原論／講座生活学第1巻』(光生館　1993年)
「生活学の提唱」を含む『生活学入門』,様々な民族の生活様式をとらえた「比較生活学」,民俗学・文化人類学等との接点を語る「隣接科学と生活学」などを収録。
◎川添登・佐藤健二編著『生活学の方法／講座生活学第2巻』(光生館　1997年)
生活学の理論と方法について,学者・研究者たちが様々な事例を通じて論述。
◎商品科学研究所・CDI編著『生活財生態学——現代家庭のモノとひと』(リブロポート　1980年)
家庭における商品構成を植物生態学の手法を使って調査したライフスタイル研究や,LDKタイプの部屋での人とモノとの関わり合いを探った調査の報告書。

◎寺出浩司著『生活文化論への招待』(弘文堂　1994年)
「サザエさん」をテキストにした戦後日本人の生活史の研究や，考現学などの生活文化論の系譜，近代日本の生活文化，生活文化論の実験を収録。

●現代風俗研究会関連
◎現代風俗研究会編『現代風俗2000　風俗研究の方法／現代風俗研究会年報22号』(河出書房新社　2000年)
現風研23年を振り返り，「風俗研究の方法」そのものをテーマに「方法の自分史」としてとらえ返した報告書。
◎多田道太郎著『風俗学　路上の思考』(ちくま文庫　1987年)
「泣きのファッション」「ステテコの栄光と悲惨」「うわさの構造」など，風俗の諸相を通して日本文化の根底に迫る。
◎多田道太郎著『身辺の日本文化』(講談社学術文庫　1988年)
日常生活のここそこに現れる日本人の特徴的なものの見方や美意識を楽しくわかりやすく語る。
◎井上章一著『新版　霊柩車の誕生』(朝日選書　1990年)
霊柩車はいつ生まれ，あのキッチュなデザインはどこから来たのか？　ルーツをたどる葬送の文化史。
◎岡本信也・岡本靖子著『超日常観察記──ヒト科生物の全・生態をめぐる再発見の記録』(情報センター出版局　1993年)
缶のふた，植木の鉢，野良着，物干台など，'76年からフィールドワークを続けてきた著者(夫婦)が記録した人間生態観察記。
◎岡本信也・岡本靖子著『万物観察記──モノの宇宙を探検する超絶フィールドワーク』(情報センター出版局　1996年)
「モノの形象」「モノと空間」「モノとヒトの交差点」など，人とモノとの関係をめぐる断片採集。

●東京建築探偵団／トマソン観測センター／路上観察学関連
◎東京建築探偵団著『スーパーガイド建築探偵術入門』(文春文庫ビジュアル版　1986年)
東京，横浜の町並みに生き続ける西洋館(近代建築)230軒を地図・写真・解説つきで紹介したガイドブック。
◎藤森照信著『建築探偵の冒険　東京篇』(筑摩書房　1986年)／文庫本(ちくま文庫　1989年)

今和次郎デザインの食器発見のエピソードや，兜町，神田などに残る近代建築の探索の楽しさを語る。
◎藤森照信・増田彰久著『看板建築――都市のジャーナリズム』(三省堂　1988年)
昭和初期に東京を中心に数多く建てられた洋風ファサードを持つ商店建築「看板建築」の多様な顔を写真と文章で綴る。
◎赤瀬川原平著『超芸術トマソン』(ちくま文庫　1987年)
超芸術トマソン第1号の発見に始まり，雑誌『写真時代』の読者やトマソン観測センターによる全国超芸術物件写真報告の数々を収録。
◎南伸坊著『ハリガミ考現学』(実業之日本社　1984年)／文庫本(ちくま文庫　1990年)
路上にあふれるハリガミの数々をじっくり読んでみると，なぜか人間の可笑しさ，面白さが伝わってくる。吉田謙吉的考現学採集。
◎赤瀬川原平・藤森照信・南伸坊編『路上観察学入門』(筑摩書房　1986年)／文庫本(ちくま文庫　1993年)
マニュフェストに始まり，考現学との接点やグループ誕生に至る過程の解説，メンバー8人のフィールドノートなどを収録。
◎赤瀬川原平・藤森照信他著『京都おもしろウォッチング』(とんぼの本　新潮社　1988年)
路上観察学・京都編。鳥居，石庭，狛犬，マンホール，銭湯，洋館など，風変わりな物件や，「見立て」による不思議な発見物などを盛りだくさんに紹介。
◎林丈二著『マンホールのふた　日本篇』(サイエンティスト社　1984年)
日本中のマンホールの様々なデザインの「ふた」を歩き回って調査した丹念な記録報告書。
◎とり・みき著『愛のさかあがり』(ちくま文庫　1995年)
初出は『平凡パンチ』(1985～86年)。工場現場に置かれる看板〈オジギビト〉の採集，他。

●妹尾河童の考現学的採集
◎妹尾河童著『河童が覗いたトイレまんだら』(文藝春秋　1990年)／文庫本(文春文庫　1996年)
著名人宅のトイレの数々を鳥瞰図で克明に記録したトイレ考現学。
◎妹尾河童著『河童が覗いたニッポン』(話の特集　1980年，新潮社　1997年)／文庫本(新潮文庫　1984年・講談社文庫　2001年)
地下鉄工事，刑務所，入れ墨，皇居など，隠れて見えない世界を覗いた図解エッ

セイ。

●その他
◎大谷晃一著『大阪学』(経営書院　1994年)／文庫本(新潮文庫　1997年)
不法駐車，お笑い，大阪弁など様々な角度から大阪人を観察し，その独特の社会と感覚を分析した東西比較文化論。
◎山根一眞著『変体少女文字の研究――文字の向うに少女が見える』(講談社　1986年)
1978年頃から少女たちの間で猛普及しはじめた丸文字はどこから来たのか？変体少女文字成立の謎を解きながら，「新人類世代」の意識構造を分析。

●ホームページ
◎社団法人　現代風俗研究会…http://kobe.cool.ne.jp/genpoo/
現風研の概要や活動記録，ワークショップ紹介，出版物案内などを掲載。「年報」の購入もこのサイトを通じて行なえる。
◎東京福袋…http://www.st.rim.or.jp/~tokyo/
吉野忍，みやしたゆきこ制作のサイト。超芸術トマソンの写真報告を行なっている「トマソン・トーキョー」がある。
◎「東京人」観察学会…http://www.chs.nihon-u.ac.jp/soc_dpt/ngotoh/tokyo/index.html
日大文理学部社会学科後藤ゼミのサイト。考現学的視点が楽しい，写真で語る「東京」の社会学。
◎野外活動研究会…http://yagaiken.org/
1974年より東海地区を中心に精力的にフィールドワークを続けている岡本信也らによる「野外研」のサイト。定期フィールドワークや考現学一般の情報なども充実している。

デザインリサーチ Ⅱ
街並み景観に関する考察

はじめに

　日本の都市環境は，戦後の経済復興期，高度成長期，バブル経済の崩壊を経て，急激な変化を強いられてきた。国際的にみても，日本は物質的な豊かさは得たものの，都市の快適さ，美しさという点では未だ不十分な状況にある。私たちは過去数十年間に生じた様々な歪みや傷ついた自然を癒しつつ，洗練された都市環境を創造すべき時代を迎えているのではないか。

　デザインリサーチⅡでは，都市を理解するために，実際に私たちの身近な街を対象としたい。私たちが住んでいる街は散策，調査，資料収集等を行なうことは容易にできるが，調査をする際に何を見るかが大きな問題となる。その見方を持たない限り，都市について本当の理解は得られない。

　本稿では，都市景観に関する問題を多角的に捉えるとともに，街並み景観調査を切り口として都市景観のあり方を分析・考察し，各自の「見方」を構築することを目的にしている。

　1章の街並み景観のタイプ分けでは，景観における基礎知識を得るとともに，2章の私の原風景では，各自の風景観や見近な街に目を向けながら，自らの視座を探る。3章の中央線沿線の街並み調査及び4章の歴史性，地域性から見た街並み景観調査では，現実の街並みを対象とした調査を行ない，調査結果を分析し，考察する。調査対象は東京中心としたが，各自の居住する地域に応用することは勿論可能である。各地域により，その切り口は異なるかも知れないが，その地域性を見出すことにも大きな意義があろう。

第1章:街並み景観のタイプ分け

　都市景観は，時間，場所，見る位置等により異なるが，見る主体と見られる対象との相互関係により，地域や地区の空間的広がりから広域的景観(ランドスケープ)，都市的景観(タウンスケープ)，街区的景観(ストリートスケープ)に大別できる。広域的景観では眺望的景観としての位置付けが中心となるのに対し，街区的景観では環境型景観としての評価が重要であり，都市的景観は両者の中間的性格を有する。それぞれの地域の周辺環境として，景観構成要素と地域や地区の広がりとの関連に注目すると，都市的景観としての位置付けとともに街区的景観としての景観形成が大切である。一般的には「街並み景観」と称されている。

　本稿はこの「街並み景観」を中心とし，都市景観全体にも眼を配りながら考察を進めていく。1章では，先進都市を事例として自然景観，都市景観，歴史景観のアプローチから，その都市の概要，取り組みを紹介しながら見ていきたい。

1. 自然景観からのアプローチ(盛岡市)

　自然景観からのアプローチとして，盛岡市を取り上げる。

　盛岡の都市形成は，慶長2年(1597)の盛岡城の築城に始まる。優れた要衝の地として選定された地形は蔵風得水型を成し[*1]，日本の都の伝統的な占地空間に位置していた。

　その魅力は，岩手山を主峰とする奥羽，北上両山系の山々，市街地を流れる中津川や北上川等の美しい自然環境と約400年の歴史に培わ

れた歴史的文化資源が「みちのくの小京都」と称される豊かな景観にある。日本全国の各地に小京都といわれる都市があるが，盛岡市は，中津川を上る鮭を橋上から眺められる程の自然を有している。新たな街づくりにおいても，北上川の河川改修における樹木保全や日本の道100選の一つである寺町通りの景観形成等，自然を生かした景観を創出している。

盛岡城の旧跡は現在岩手公園になり，城の外堀の役目を果たした中津川を東へ渡った中ノ橋，南大通り，紺屋町等には幕政時代の面影を残す街並みや，赤煉瓦及び花崗岩の壁面に彫刻を施した銀行等があり，歴史の蓄積を感じさせる。

盛岡城は，寛永10年(1633)に完成し，歴代南部藩主の居城となった。城跡の石垣は盛岡産の花崗岩を積み上げたものである。また，若き日の石川啄木や宮沢賢治はこよなくこの城跡を愛し，数々の名作を残している。別名，不来方城とも呼ばれ，現在は岩手公園として国の史跡に指定されている(図1)。

岩手銀行中の橋支店(旧盛岡銀行)は，銅板張りのドームに壁面は赤煉瓦造りであり，外観はルネッサンス様式を擬している。市街地の中心に位置し，中津川と中の橋と一体となって盛岡市の代表的な景観を形成している。明治44年に竣工されたものだが，格調高く，美しい効果をあげている平成6年12月に国の重要文化財に指定された(図2)。

幕末期の紺屋町は豪商や老舗が軒を連ねており，盛岡城下における重要な商店街区であった。現在も紺屋町界隈に，その佇まいを留めている。紺屋町番屋は昔懐かしい望楼を持ち，現在も市の消防団の施設として役目を果たしている。大正期の木造洋風建築の典型であり，その特徴的景観は街並みに映え，消防の歴史を知る貴重な建物でもある(図3)。

ござ九(紺屋町)は豪商の面影を今に伝える貴重な商家であり，白壁と貼り瓦，そして格子戸の低い軒が続く。江戸後期から明治にかけての

燈明用の燈心や箒工品等を取り扱った建物は，江戸後期，明治中期及び末期に建て増したもので，各時代の様式が伺える(図4)。

1—樋口忠彦氏は『日本の景観』において，山辺の景観の中でも背後に山を負い，左右は丘陵に限られ，前方のみ開いているというタイプの景観を蔵風得水型景観と称している。「蔵風得水」とは，大陸から入ってきた地形の吉凶を占う風水思想の用語である。古代の日本人は，宮地や都を営む場合，そこが立地に適切な場所かどうか，まず地相を占った。

2. 都市景観からのアプローチ(横浜市)

次に，都市景観のアプローチから横浜市を取り上げる。

横浜市は，都市計画局の中に各部を横断的に結ぶ都市デザイン室があり，各事業のデザイン調整を行ないながら統一性のある街づくりを行なっている。

都心部の都市デザインでは，関内地区及び隣接する山手地区において開港以来の歴史を生かし，楽しく歩ける街を目標とした様々な取り組みを，商店街や居住者等の街づくり組織と連携して継続的に進めている。各地区の特性を生かした取り組みと共に，歩行者空間整備により相互のネットワーク化を図り，全体として歴史性と現代性そして多様性の感じられる港町の魅力形成を推進している。

山下公園，日本大通り周辺地区では，横浜を代表する地区として魅力ある街並み形成のため，港と街の一体的な景観を創出するようデザイン調整を進めている。建物については，銀杏並木に沿った歩道の拡幅や角地への広場の設置，色彩や広告物の基調に関するガイドライン作成等を行なっている。街並み整備に合わせ，現在，日本大通り(道路空間)や山下公園の再整備演出のデザイン調整を行なっている(図5)。

馬車道地区，元町地区，中華街地区では，横浜を代表する個性的商店街として，各地区の街づくり委員会等と連携し，個性を生かした街

づくりを進めている。馬車道歩道整備(昭和51年)，元町モール(同60年)，中華街牌楼(パイロウ)(風水に基づく門)及びサイン整備(平成7年)等公共空間の演出整備事業を機会に，地区の街づくりの理念を定めた「まちづくり憲章」，建築物や広告物の形態を定めた「街づくり協定」等，独自な地区のルールの締結を図ると共に，様々なデザイン調整に参加し，個性と活力ある街づくりを進めている(図6)。

水際線整備では，ポートサイド地区(赤レンガパーク)〜みなとみらい21地区〜汽車道〜新港埠頭〜大桟橋〜山下公園地区等の再整備事業に合わせ，ウォーターフロント立地を生かした魅力ある街並みの形成や快適な公園・緑地・プロムナード等のデザイン調整を行なっている(図7)。

山手地区では，居留地として西洋館等が多く残されている山手の丘は，歴史的な景観を保全し，文化的環境を生かした個性的な街づくりを進めるため，「山手地区景観風致保全要綱」により，街づくりの調整や建築指導を行なっている。

公共事業として，「港の見える丘公園」「元町公園」等の再整備，西洋館「エリスマン邸」の移築復元(平成元年)，山手イタリア山庭園の整備(同3年)，旧カトリック山手教会司教館「ブラフ18番館」の移築復元(同5年)，重要文化財の指定を受けた旧内田家住宅「外交官の家」の移築復元(同9年)，「山手111番館」の保全活用(同10年)，「山手234番館」を改修(同10年)し，公開展示している(図8)。

3. 歴史景観からのアプローチ

歴史景観からのアプローチでは，重要伝統的建造物群保存地区より武家町として山口県萩市，産業の町として愛媛県内子町，宿場町として長野県楢川村奈良井宿を取り上げる。

重要伝統的建造物群保存地区(以下，伝建地区と称す)の制度は，昭

和50年の文化財保護法の改正により発足し，城下町，宿場町，門前町等全国各地に残る歴史的な集落・街並みの保存が図られている。その過程は，市町村が伝建地区を定め，国はその中から価値の高いものを重要伝統的建造物群保存地区として選定し，管理，修理，修景等の保存事業への財政的援助や必要な指導，助言を行っている。

現在，選定された伝建地区は全国で49市町村，54地区（合計面積約2,256 ha）にのぼり，約9,000件の伝統的建造物が保存されている（表1）。

a．萩市（武家町）

まず，武家町として萩市を見てみよう。

萩市は，毛利輝元の開府以来，文久3年（1863）に藩庁が山口に移るまで約260年間，毛利36万石の城下町として栄えた歴史のある街である。

萩市では，昭和47年に萩市歴史的景観保存条例，昭和51年に萩市伝統的建造物群保存地区条例，平成2年に萩市都市景観条例を制定し，城下町の姿を今に残す歴史的な街並みの保存と調和の取れた新しい街づくりを目指している。

国指定史跡の萩城城下町は旧萩城の外堀から外側に当り，町筋は碁盤目状に画され，中・下級武家屋敷や町家が軒を連ねていた。現在でも町筋はそのまま残り，城下町の面影を留めている。特に萩城三の丸に通じる中の総門東側の一帯は，町筋と共に家並みの配置が保存されている（図9，10）。

表通りの呉服町筋は御成道では，この通りに面して萩藩御用達の菊屋家，幕末の商家久保田家等の家々が残っている。表通りから南に向かって西から菊屋横丁・伊勢屋横丁・江戸屋横丁と呼ばれている小路がある。これらの路に沿って高杉晋作旧宅跡，木戸孝允旧宅やなまこ壁の土蔵，門，土塀等が連なり城下町の景観を偲ぶことができる。

伝建地区の萩市堀内地区は旧萩城三の丸地域であり，堀内と言われる広さ東西9丁余(約990 m)，南北6丁余(約660 m)の約77.4 haが選定されている。藩政時代，藩の諸役所(御蔵元・御木屋・諸郡御用屋敷・御膳夫所・御徒士所)や毛利一門，永代家老，寄組といった重臣たちの邸宅が立ち並んでいた。

　現存の建物としては，永代家老益田家(12,000石)の物見櫓，旧周布家(1,530石)の長屋門，繁沢家(1,094石)の長屋門，永代家老福原家(11,300石)の長屋門，口羽家(1,018石)の表門と主屋等がよく旧態を留めている。明治以後，士族救済のために広大な屋敷跡に植栽された夏みかんが，これら長屋門や土塀等と一体を成し，歴史的風致を有している。

　菊屋家住宅は，国指定重要文化財である。その先祖は毛利氏に従い広島から山口に移り住み町人となり，さらに萩城の築かれた慶長年間に萩に移ったと言われている。後には藩の御用達を勤める他，その屋敷は幕府巡見使の宿として本陣に使用されてきた豪商であった。

　主屋の建築年代は明らかではないが，家に伝わる勤功書や建築手法より承応元年(1652)から明暦3年(1657)までの間に建てられたものと推測される。奥行き13.0 m，梁間14.9 m，切妻造り桟瓦葺で居室部は前寄り1間半を「店」とし，その奥は土間寄りに役向きの部屋が三部屋設けられている。全国的にみても，現存する大型の町家としてその価値は極めて高い(図11)。

b．愛媛県内子町(産業の町)

　次に，産業の町として内子町をあげる。

　内子町は，四国・松山から大洲へ向かう，四方を山で囲まれた盆地にある門前町であった。内子町が有名になったのは，18世紀初め，芳我弥三右衛門が発明した「白いろうそく」の量産製法を用い，飛躍的発展を遂げたことによる。従来は，原料のはぜの木の実を砕いて蒸して

搾り，純度の低い青味がかった木ろうそくを作っていたが，新たな製法により良質の白ろうが大量に作られるようになり，流通や梱包材等に至る周辺産業を含め繁栄を極めた。電気の無い時代に高級品として重宝されヨーロッパを中心に世界に輸出され巨大な富を築いたが，産業革命による電気の普及や化学的製法（パラフィン）の開発により，昭和に入って衰退した。

内子の街並みは，北の高台にある高昌寺から緩やかな勾配で，南に下る一本の道の両側にあり，建物の外装は大壁で塗り家造りにし，妻壁を張り出し袖壁とした重厚な町家が立ち並んでいる。外壁の下部は耐水性を補強するため瓦を壁面に打ちつけ，繋ぎを白漆喰で固めた「なまこ壁」である。代表的な建物は，本芳我家，上芳我家，木村家等であり，共に国の重要文化財指定の民家である（図12）。

内子のもう一つの特徴は，幅員約4mの道に沿って建つ町家が壁面を道路境界線から0.6〜0.9mセットバックしている庇下空間にある。この共有空間には，折りたたみ式の縁側「床几」が設けられている。私有地ではあるが，積極的に人の立ち入りを許し，コミュニケーションを深めるために有効であった（図13）。

c．長野県楢川村奈良井宿（宿場町）

奈良井宿は，中山道木曽路で北から2番目の宿場町で，鳥居峠を控えた木曽路の中でも最も標高の高い位置（約940m）する宿場町である。慶長7年（1602）徳川家康により，中山道67の宿駅が定められると，奈良井宿もその一つとなり，難所の鳥居峠を控えて「奈良井千軒」と言われる程木曽11宿の中では最も賑わった町である。平地がなく農作物の取れない地が栄えた背景には，地場産業としての木工業が挙げられる。奈良井の主要製品は，桧物細工から櫛・漆器へと移っていくが製品は江戸・大阪・京都といった大都市までに広まり，これを商う商人や桧物職人・漆塗職人等が集まった。

● 表 1．重要伝統的建造物群保存地区一覧　　　　　　　　　　（平成 12 年 1 月現在）

番号	道府県名	地 区 名 称	種　　別	選定年月日	選定基準	面積(ha)
1	北海道	函館市元町末広町	港町	平 1. 4.21	(三)	14.5
2	青　森	弘前市仲町	武家町	昭 53. 5.31	(二)	10.6
3	秋　田	角館町角館	武家町	昭 51. 9. 4	(二)	6.9
4	福　島	下郷町大内宿	宿場町	昭 56. 4.18	(三)	11.3
5	埼　玉	川越市川越	商家町	平 11.12. 1	(一)	7.8
6	千　葉	佐原市佐原	商家町	平 8.12.10	(三)	7.1
7	新　潟	小木町宿根木	港町	平 3. 4.30	(三)	28.5
8	富　山	平村相倉	山村集落	平 6.12.21	(三)	18.0
9	富　山	上平村菅沼	山村集落	平 6.12.21	(三)	4.4
10	福　井	上中町熊川宿	宿場町	平 8. 7. 9	(三)	10.8
11	山　梨	早川町赤沢	山村・講中宿	平 5. 7.14	(三)	25.6
12	長　野	東部町海野宿	宿場・養蚕町	昭 62. 4.28	(一)	13.2
13	長　野	南木曾町妻籠宿	宿場町	昭 51. 9. 4	(三)	1,245.4
14	長　野	楢川村奈良井	宿場町	昭 53. 5.31	(三)	17.6
15	岐　阜	高山市三町	商家町	昭 54. 2. 3	(一)	4.4
16	岐　阜	美濃市美濃町	商家町	平 11. 5.13	(一)	9.3
17	岐　阜	岩井町岩村本通り	商家町	平 10. 4.17	(三)	14.6
18	岐　阜	白川村荻町	山村集落	昭 51. 9. 4	(三)	45.6
19	三　重	関町関宿	宿場町	昭 59.12.10	(三)	25.0
20	滋　賀	大津市坂本	里坊群・門前町	平 9.10.31	(三)	28.7
21	滋　賀	近江八幡市八幡	商家町	平 3. 4.30	(一)	13.1
22	滋　賀	五個荘町金堂	農村集落	平 10.12.25	(三)	32.3
23	京　都	京都市上賀茂	社家町	昭 63.12.16	(三)	2.7
24	京　都	京都市産寧坂	門前町	昭 51. 9. 4	(三)	8.2
25	京　都	京都市祇園新町	茶屋町	昭 51. 9. 4	(一)	1.4
26	京　都	京都市嵯峨鳥居本	門前町	昭 54. 5.21	(三)	2.6
27	京　都	美山町北	山村集落	平 5.12. 8	(三)	127.5

出典:『歴史的集落・町並みの保存―重要伝統的建造物群保存地区ガイドブック―』文化庁編

番号	道府県名	地区名称	種別	選定年月日	選定基準	面積(ha)
28	大阪	富田林市富田林	寺内町・在郷町	平 9.10.31	(一)	11.2
29	兵庫	神戸市北野町山本通	港町	昭 55. 4.10	(一)	9.3
30	奈良	橿原市今井町	寺内町・在郷町	平 5.12. 8	(一)	17.4
31	鳥取	倉吉市打吹玉川	商家町	平 10.12.25	(一)	4.2
32	島根	大田市大森銀山	鉱山町	昭 62.12. 5	(三)	32.8
33	岡山	倉敷市倉敷川畔	商家町	昭 54. 5.21	(一)	15.0
34	岡山	成羽町吹屋	鉱山町	昭 52. 5.18	(三)	6.4
35	広島	竹原市竹原地区	製塩町	昭 57.12.16	(一)	5.0
36	広島	豊町御手洗	港町	平 6. 7. 4	(二)	6.9
37	山口	萩市堀内地区	武家町	昭 51. 9. 4	(二)	77.4
38	山口	萩市平安古地区	武家町	昭 51. 9. 4	(二)	4.0
39	山口	柳井市古市金屋	商家町	昭 59.12.10	(一)	1.7
40	徳島	脇町南町	商家町	昭 63.12.16	(一)	5.3
41	香川	丸亀市塩飽本島町笠島	港町	昭 60. 4.13	(三)	13.1
42	愛媛	内子町八日市護国	製蝋町	昭 57. 4.17	(三)	3.5
43	高知	室戸市吉良川町	在郷町	平 9.10.31	(一)	18.3
44	福岡	甘木市秋月	城下町	平 10. 4.17	(二)	58.6
45	福岡	吉井町筑後吉井	在郷町	平 8.12.10	(三)	20.7
46	佐賀	有田町有田内山	製磁町	平 3. 4.30	(三)	15.9
47	長崎	長崎市東山手	港町	平 3. 4.30	(二)	7.5
48	長崎	長崎市南山手	港町	平 3. 4.30	(二)	17.0
49	宮崎	日南市飫肥	武家町	昭 52. 5.18	(二)	19.8
50	宮崎	日向市美々津	港町	昭 61.12. 8	(二)	7.2
51	宮崎	椎葉村十根川	山村集落	平 10.12.25	(三)	39.9
52	鹿児島	出水市出水麓	武家町	平 7.12.26	(二)	43.8
53	鹿児島	知覧町知覧	武家町	昭 56.11.30	(二)	18.6
54	沖縄	武富町武富島	島の農村集落	昭 62. 4.28	(三)	38.3
合計		33道府県49市町村54地区				2,256.3

※重要伝統的建造物群保存地区選定基準
(一) 伝統的建造物群が全体として意匠的に優秀なもの
(二) 伝統的建造物群及び地割がよく旧態を保持しているもの
(三) 伝統的建造物群及びその周囲の環境が地域的特色を顕著に示しているもの

図1. 盛岡・盛岡城跡

図2. 盛岡・岩手銀行

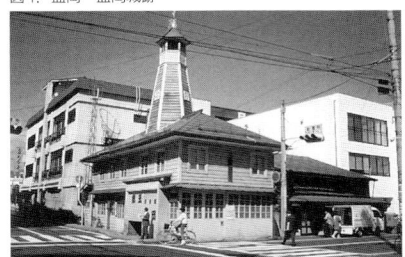

図3. 盛岡・紺屋町番屋

図4. 盛岡・中津川から望むござ九

図5. 横浜・開港広場

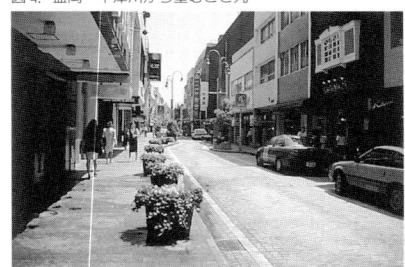

図6. 横浜・元町モール

図7. 横浜・赤レンガパーク

図8. 横浜・イギリス館

図 9. 萩・萩城跡

図 10. 萩・武家屋敷

図 11. 萩・菊屋住宅

図 12. 内子・本芳賀家

図 13. 内子・街並み

図 14. 奈良井・上町水場

図 15. 奈良井・上町街並み

図 16. 奈良井・中町街並み

奈良井宿は国道から外されたため，宿場の街並みが昔のまま保存されており，昭和53年に国の伝建地区に選定された。宿場町は，南の京都側から上町・中町・下町の3地区に分かれており，約1kmの家並みは，曲線を描きながら鳥居峠に向かって緩やかに登っている。

　現在見られる古い建物の多くが江戸時代末期の天保～弘化年間（1830～1847）に建てられたものである。奈良井の町家は，間口が2間半から3間半と狭く，奥行きは6間と深い。また，現在では鉄板葺だが，以前は石置き板葺屋根であった。通りに軒が並ぶ切妻造りの平入り形式の2階建てで，2階が1階よりも約45cm程前に迫出した出桁（だしげた）造りになっており，その上に登梁（のぼりはり）と出桁により大きく突き出た垂木を支えている。垂木の先には鼻隠板が付けられている。これらにより通りの両側から建物が覆い被さるようで，他の宿場には無い街並みの景観を演出している。もう一つの特徴に「猿頭（さるがしら）の付いた鎧庇（よろいひさし）」の軒庇があり，2階の柱から吊金具で吊った庇がある。これは中山道でも奈良井宿だけに見られるものである。町家で公開されているのは，元櫛問屋の中村家と上問屋の手塚家の2軒である（図14，15，16）。

第2章:私の原風景

　2章では前述した街並み景観の基礎知識を踏まえ，実際の調査を行う前に各自の原風景を思い起こしてみよう。
　樋口忠彦氏は『日本の景観』において，「原風景」を巡る示唆的な定義をしている。以下は，その要約である。
　人は2種類の風景を持つという。故郷や子供時代の風景を懐かしく思う「心の中の風景」と「現実の風景」である。そして，心の中の風景にも2種類の風景がある。一つは，子供の頃の体験が生涯変わらない記憶として心の中に刻み込まれた風景であり，もう一つは，先の故郷の風景とも重なるが，誰もが共通して好む風景である。これは，人間の生活がその環境と調和した時の最も心地よい風景の名残りである。
　また，人は生物学的には変化しないまま，環境や生活様式を大きく変化させてきており，人はその発生時の風景と現実の風景が大きくずれた時，昔を懐かしむ代償風景を生み出すという。
　例えば，方形基盤目状の町割りを持つ高い築地塀に囲われた区画の中に住むようになり，日本の庭園は本格的な発展を遂げ，海景を模した庭園が多いのも，海から離れた所に都が営まれたためと考えられる。
　西欧においても，その代償風景は文学，絵画等での描写のみならず，イギリスでは自然風景式庭園も現実に生み出され，他の西欧諸国の庭園や公園に多大な影響を及ぼしたとも述べている。
　これらの樋口氏の指摘は，各自の原風景を振返える上での指針となりえないか。この視座の基に，各自が抱いている「心の中の風景」を辿ってみよう(図17～24)。
　私の原風景とは，各自が持つ私的な風景である。それは，自己と都

市との関係を表す風景に他ならない。領域，心象風景，情報，都市の断片，出来事，それらを獲得し，選択しつつ歩んだ私的な行為とともに新たに見えてくる都市がある。

　日本の都市は，雑然としながらも和める暖かさも持っている。そのために各自の領域はわずかな空間に生み出され，四季の変化は街に表情を与えている。そして，多くの心象風景は細やかなものなのかもしれない。

　やがて各自における「私の都市」はわずかでありながらも，互いに共通の部分が重なり合うことを発見し，やがて「私の都市」から「私たちの都市」へと確かな共通項を求め合うことも可能であろう。

　日本の各地では，戦災とその後の都市改造により，多くの歴史性や地域性が失われ，統一性の中にも多様性のある日本の伝統的な景観は前述した「伝建地区」にその姿を留めるのみである。しかし，過去の断片を紡ぐことで失いかけた風景を呼び起こす試みも各地で行なわれている。

　また最近では，人工的な環境と人の成長過程についても考える必要がある。例えば，人工的で無機質な環境で育った場合，自然に対する感受性，人間関係への洞察力等の細やかな精神性は，意識的に身に付けなければならない。

　そして，私たちの都市への関心は，懐かしさや都市化への反省から続いているとはいえない。人は歴史の中から各自の原風景を探ると共に，都市の関わりに興味が尽きないからではないか。人は客観的な批判はしても，各自の心の中では決して都市との関わりを絶てない。歴史や伝統を受け継ぐと共に，よりその地域性に合った都市環境を創出する必要があろう(図17〜24)。

図 17. 徳島県脇町・吉野川

図 18. 徳島県脇町・旧運河

図 19. 京都・無鄰庵

図 20. 京都・平安神宮

図 21. 京都・竜安寺前庭

図 22. 京都・竜安寺石庭

図 23. 東京・多摩ニュータウン

図 24. 東京・多摩ニュータウン

●図1〜24　撮影：筆者

第3章：中央線沿線の街並み景観調査

3章では，本校の学生にとって通学や生活の場として親しみの持てる中央線沿線を実際に調査し，各自における事象の「見方」を養うこととする。

中央線は，東京〜新宿と日本を代表とする大業務地域，大久保〜西荻窪の特徴的な街を走り，吉祥寺や国立といった武蔵野の住宅街を抜け，緑豊かな高尾を終点とする。駅ごとに異なる個性を持つ街並み景観を調査しながら，各自の心安らぐ場所を探してみよう。

東京は，全体の統一性より自立性を持つ数多くの町からなる大都市だと言われるが，その一端を本調査で体験し，実感することが出来よう。

1. 調査方法

本調査では，中央線沿線より特徴的な街並みを形成する国分寺，国立，立川，高円寺の4地区を選定し，対象は駅周辺を中心としている。イメージ・マップ，記録としての写真，街のイメージ調査票(SD法)[*2]による客観的分析，街の好きな所とその理由，街の嫌いな所とその理由，街の望ましいイメージを記録しながら，街並み景観調査をまとめてみよう(図25)。4地区を同じ調査方法により繰り返しまとめることで，各自の視点が次第に明確になっていく。最後に4地区の環境構成を比較することで，各自の街の見方を整理することがより重要である。事例作品を参考にしながら，一連の調査をまとめてみよう。

街のイメージ調査 （国分寺）

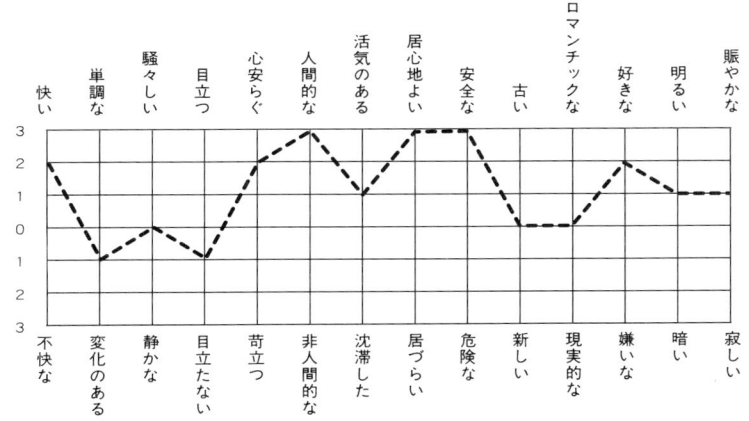

1．街のイメージ

	快い	単調な	騒々しい	目立つ	心安らぐ	人間的な	活気のある	居心地よい	安全な	古い	ロマンチックな	好きな	明るい	賑やかな
	不快な	変化のある	静かな	目立たない	苛立つ	非人間的な	沈滞した	居づらい	危険な	新しい	現実的な	嫌いな	暗い	寂しい

2．街の好きなところとその理由

　　木がたくさんある。
　　駅から離れると住宅が多く、静かで、
　　木に囲まれていて落ち着ける。
　　歩いていても飽きずにどこまでも歩けそうな感じがする。
　　駅前は賑やかでいい。

3．街の嫌いなところとその理由

　　全てがそうではないが、国分寺街道が歩きにくかった。
　　車道が狭く、危ない。
　　歩道も車を避けながら歩く感じで、反対側から
　　人がくると待たないと危ない。

4．街の望ましいイメージ

　　車道・歩道を考え直す。
　　歴史の跡をこれからも大切にして共存していく。

図25．街のイメージ調査票

2—SD法とは，Semantic Differential法の略であり，C. E. オスグッドが1957年に提案した心理測定の一方法である。本来は，言語による尺度を用いて心理実験を行い，その分析を通して，ある「概念」の構造を定量的に明らかにしようとするものである。

現在では，心理学等の分野ではやや下火であり，むしろ建築計画研究や商品開発調査等の分野での応用が盛んである。ここでは，空間に関する形容詞を用い，例えば，快い・不快という対語の尺度を3段階にとり，どちらでもない場合は0として評価を試みている。4地区の街のイメージの相違を確認させるための目安とした。

2. 中央線沿線調査

ここでは，4地区の概要を述べると共に，その街並みの特徴的な地点にも触れる。

a. 国分寺調査

国分寺は，地形の特徴として武蔵野段丘のほぼ平坦地であり，段丘の南端は急激に下降して国分寺崖線(がいせん)を成している。この崖線の下を野川が流れており，ハケ(崖)下各所から豊かな湧き水が注いでいる。

都立殿ヶ谷戸庭園は，昭和4年に三菱財閥の庭園として整備され，別邸として使用されていた。その後，庭園内に残る国分寺崖線の自然を守る運動から住民の意向を取り入れ，東京都が昭和49年買収・整備し，有料庭園として開園している。平成10年3月には，東京都指定文化財として「東京都指定名勝」に選ばれた。

お鷹の道・真姿の池湧水群は，江戸時代寛延元年(1748)より国分寺市内の村々は，尾張徳川家の御鷹場に指定され，慶応3年(1867)に廃止されるまで，多くの影響を与えていた。崖線下の湧水を集めて野川に注ぐ清流沿いの小道を地元では「お鷹の道」と呼ぶようになり，現在は遊歩道として整備され，真姿の池等と共に市民に親しまれている。

昭和60年7月，環境庁より「全国名水百選」に選ばれ，平成10年3月には，「東京都指定名勝」に選ばれた。

武蔵国分寺跡は，奈良時代中期，天平13年(741)に聖武天皇の詔が出され，諸国に鎮護国家を目的として僧寺と尼寺の造営が始められ，その規模は全国一といわれる。僧寺域内には，金堂，講堂，中門，七重塔，鐘楼，東僧房等の礎石を持つ主要建造物が計画的に配置されていたことが調査により明らかになっている。

万葉植物園は，武蔵国分寺を訪れる人々に，同時代に編まれた万葉集に詠まれている植物を集め，往時を偲ぶ意図で前国分寺住職により計画され，植物ごとに例歌・作者を記した説明版がある(図26)。

b．国立調査

国立は，駅南口から真線的に伸びる大学大通りは幅員が44mもあり，「新東京百選」，「環境色彩10選」，「新東京街路樹10選」，「新日本街路樹100選」にも選定されている街のメインストリートである。4車線の道の両側には自転車専用道路，歩道には9mもの緑地帯が設けられ，通り全体が大きな公園のようである。桜と銀杏が植えられ，四季折々，道行く人々を楽しませている。

一橋大学(旧東京商科大学)は，元は神田一ツ橋にあったが大正後期にキャンパスの広さの問題や関東大震災により，大学復興移転計画が持ち上がった。当時，理想的な学園都市をの創設を願う箱根土地株式会社と大学学長の働きかけにより，大学の国立への移転が決定し，大正2年(1927)と同5年(1930)の2回にわたって行なわれた。現在も，築地本願寺を設計したことで知られる伊藤忠太氏による兼松講堂等，ロマネスク様式を基調とする建物群が，豊かな自然の中で重厚に佇んでいる。

国立駅舎は，大正15年(1926)4月1日，当時甲武鉄道と言われた現在のJR中央線に開業した。ロマネスク風の窓が付いた尖がり屋根の

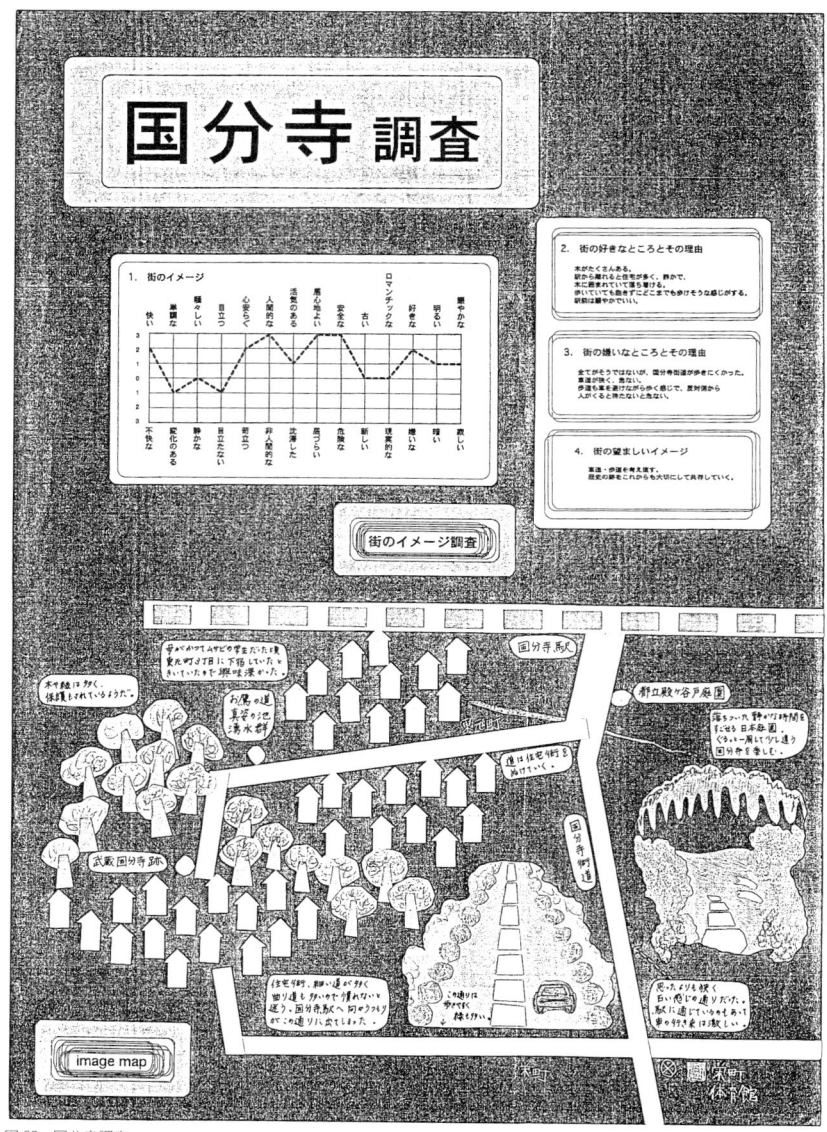

図26. 国分寺調査

小道

国分寺の小道は、日本的な風景が残っている。静かで、緑に囲まれていて、東京とは思えないほどひっそりしている。通りの木々は季節ごとに変化をなし、それがまた道を引き立てているのだろう。

緑のある風景

緑がある場所は何ができて涼しく気持ちがいい。差し込んでくる陽もやわらかくゆっくり時間が流れている。

親しみを感じる場所

国分寺駅は通学に利用する。いつもはもっと人が多い。左と下の写真はどの街にもありそうな場所でわたしは親しみを感じた。

中央線沿線の街並み景観調査　123

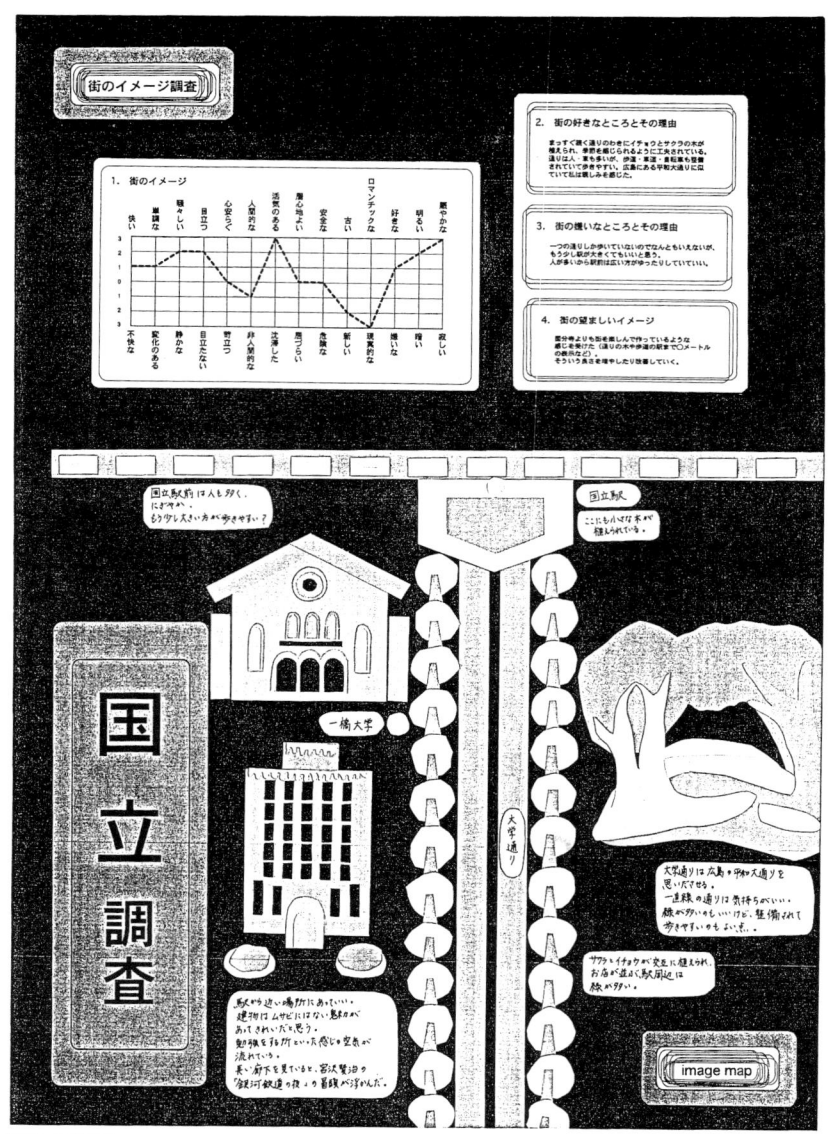

図 27. 国立調査

124　第 3 章

国立駅マデ 1000M

工夫を感じるところ

地面の表示は100メートルごとにある。あまりたいした事がないようで、真面目くさとてもよくわかって役立っている。一番大事はアンティークなものに気がいく、古い建物だけれど、今よりもこだわりがある。

曲線のある建物

ムサビとは全然違って、教会のようだと思った。見ていて飽きない。曲線を大きくたくさん使うとこんなに豪華な雰囲気がするのかと思った。

木のある場所

建物に蔦がはりついている。年月を感じられる。イチョウとサクラの光が通りはずっと続いていて形を大きくつくり出している。

中央線沿線の街並み景観調査　125

小さな駅舎は，築後70年以上経た現在でもモダンで広く市民に愛されており，国立の象徴ともなっている。

商店街・ギャラリーは，カラー舗装のゆったりとした歩道，パリ直輸入の瀟洒な街路灯，店舗が調和し，ショッピングに訪れる人が絶えない。特に小路にあるギャラリーは20軒を超え，雑貨屋，骨董品屋，レストラン等がいずれも個性的である(図27)。

c．立川調査

立川は，国営昭和記念公園や立川広域防災基地の建設が国等により進められると共に，多摩地域の南北の交通網整備を目的とした多摩都市モノレールが建設され，国，都，市，公団等により業務核都市づくりが進められている。

ファーレ立川は，基地跡地を中心に開発された複合施設で，平成6年にオープンした。業務核都市形成の先導的な事業として，商業・業務等機能の業績を図ると共に，アート計画や景観計画，建物の分棟化等の手法を取り入れ，アメニティを重視した街づくりを行なっている。事業推進により，地区来訪者の増加，雇用の創出等，経済規模の拡大を実現し，各種施設の複合立地により，職住近接と地域の利便性を高め，オープンスペースの確保により防災性が向上し，街の統一感のある都市景観の創出に寄与している。

約5.9 haの敷地内には，オフィス，図書館，映画館等，様々な施設が集まり，新しい立川の顔として注目されている。また，36カ国92人の芸術家による109もの作品が，あちらこちらに散在し，未来都市に芸術的な香気を添えている。「ファーレ」は，作る，生み出すという意味のイタリア語「FARE」に，立川の「T」を加えた造語「FARET」としている。手で触れられる作品や，ライトアップされる作品，ベンチや標識として実用的な機能をもつ作品等，バラエティ豊かなアートを巡り，新しい立川散策が楽しめる(図28)。

d. 高円寺調査

　高円寺には駅ビルがなく，駅を取り囲むように多くの商店街が伸びている。駅北口には，ねじめ正一の直木賞受賞作から名付けられた「純情商店街」や，「庚申通り商店街」「中通り商栄会」等があり，地元色が強く昔からの店舗が多い。南口には「パルアーケード」「ルック商店街」「高円寺南口中央通り」があり，古着屋が非常に多い。

　毎年8月に行なわれる高円寺の阿波踊りは，地元氷川神社の祭礼に合わせた商店街の振興策として昭和32年に始められた。隣の阿佐ヶ谷で既に行なわれていた七夕祭りに対抗して，賑やかな阿波踊りをとのアイデアが採用され「高円寺馬鹿踊り」として誕生したという。最初は阿波踊りとは名ばかりものであったが，回を重ねるごとに徳島県人会の指導により踊りのテクニックは向上し，規模が大きくなると共に観客数も増加し，高円寺の振興に大きく寄与してきた。昭和38年には，「高円寺阿波踊り」へと正式に名称を変更し，今日に至っている。

　地名の由来となった「高円寺」の南側から青梅街道までは寺社が多く，住宅街を落ち着いたものにしている。この「寺町」と呼ばれている一角は，明治末期から大正初期にかけて都心の開発に伴って移転して来た寺社である。

　下町色の強い人情味にあふれる街でありながら，あまり他人の生活に干渉しない街であり，しかも中央線に乗れば都心にすぐ出られるという交通の便の良さがあり，経済的な面でも物価が安い（図29）。

3. まとめ

　最後に，国分寺，国立，立川，高円寺の4地区調査の環境構成の比較をまとめてみよう（図30）。

　ここまでは，各地区個別に調査を行なってきたが，4地区の街並みを比較し考察を重ねることで，各自の視点が次第に明らかになること

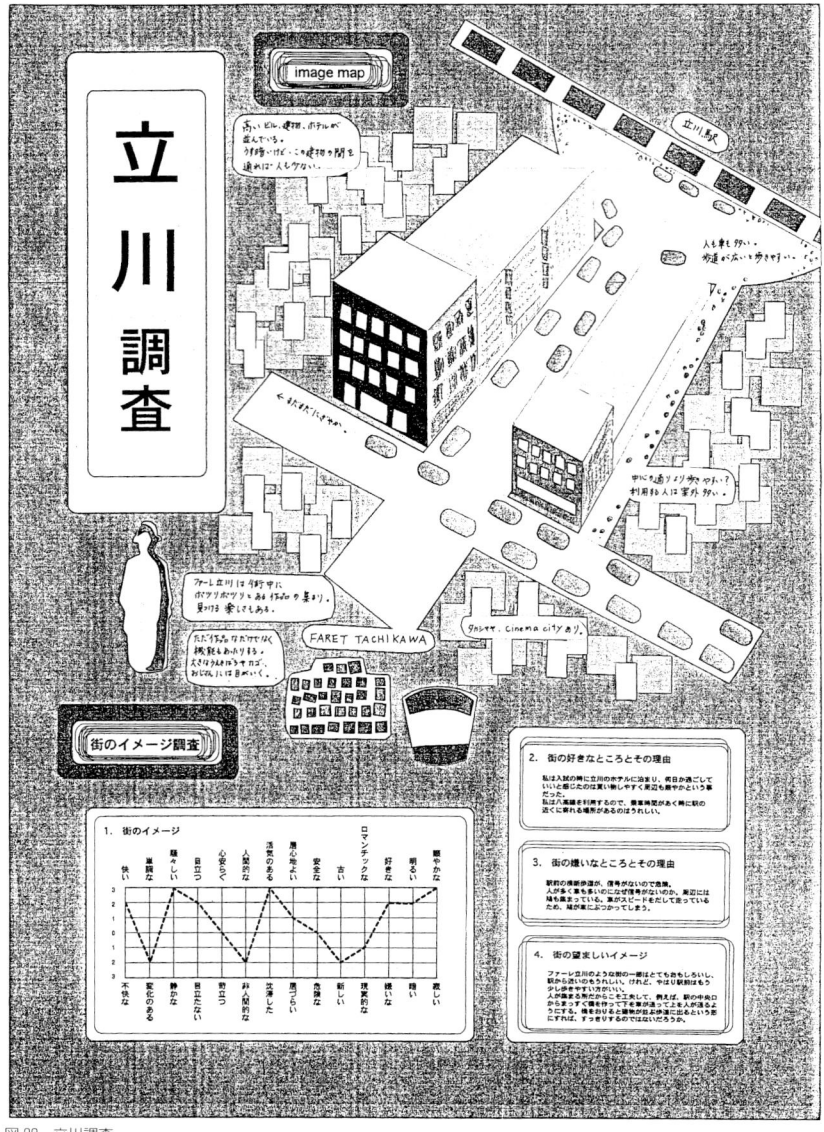

図28. 立川調査

車とアート作品

こういう作品が道路のそばにあって車が近くを走っているというのはあまり見ない。車止めだったり、撮影口だったり、機能があるというのもすごい。車とあっていないようでなんだかその場所に溶け込んでいる。

質感 ゴツゴツ・ツルツル・ガサガサ

いろいろな素材が使われていたり、見ていても質感を感じとる。いろいろな国の作品があり、中でもジンバブエの作家の作品は過去に見たことがないと思った。

建物と建物 その間に見える景色

背の高い建物が覗きこんでいるように見える。橋の上から見たり、普通に立って見たり、しゃがんで見たり。建物は大きくて行き場を失ったような空間がひっそりと静かにそこにある。

中央線沿線の街並み景観調査　129

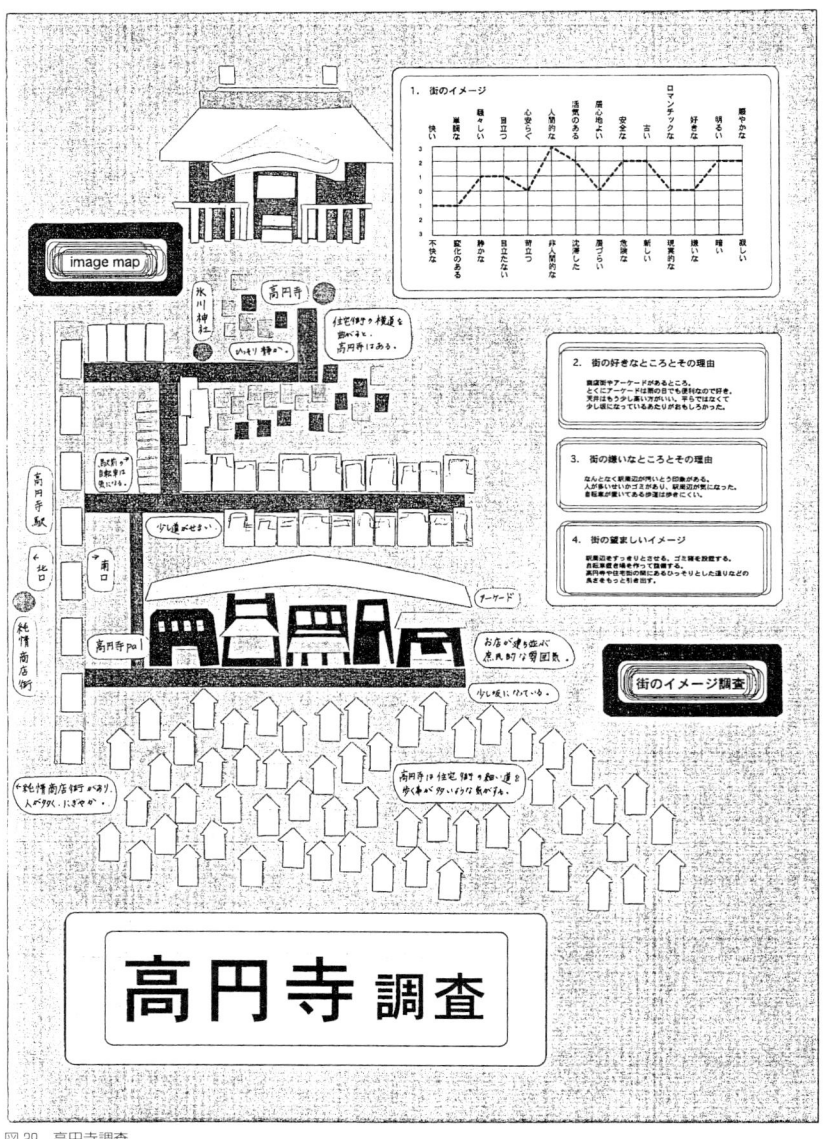

図 29. 高円寺調査

日本的なもの、建物

歴史を感じる建物が多く、街の中に突然ぽつんとある。
それで商店街の中にあっても華さにおさまっている。
アーケードの中のお店の看板上には緑風がうち枚あった。

工夫してあるところ

軒を下げて商店街をより明るく活気づけている。
公園にはまの濃い木が並ぶ。駅前の噴水は夏は建物に囲まれた
空間を涼しくする。

人で賑わう場所

アーケードは定長的な雰囲気で買い物がしやすく、駅前は食べ物屋が多い。
どこも親しみやすそうなお店が並ぶ。

中央線沿線の街並み景観調査　131

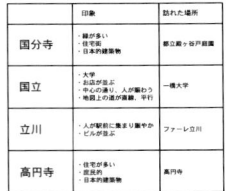

4地区の環境構成の比較

街のイメージの統計

統計からわかること

1. 4つのイメージ調査の結果
   4つとも共通していること
   ○項目の2、3が少なく、1、2が多い。

2. 各々の比較からわかる街の特徴

   ●国分寺で3を選んだものは、「人間的な」「居心地良い」「安全な」の3つ。
   ○線はあまり大きく動かず、全体的に上寄り。
   ○私が受けた印象は、自然で静かなものだった。

   ●国立で3を選んだものは、「活気のある」「現実的な」「賑やかな」の3つ。
   ○線は大きく動いたところ以外、中央の1、2におさまっている。
   ○国立の印象は、駅前の直線の通りが大きい。

   ●立川で3を選んだものは、「騒々しい」「活気のある」「賑やかな」の3つ。
   国立と似ている。
   ○線は4地区の中で一番大きく動いた。
   ○ファーレ立川の芸術的な画と、駅前の人の集まる場所の印象がうかがえている。

   ●高円寺で3を選んだものは、「人間的な」の1つ。
   ○線は国分寺と同じく全体に上寄り。
   ○国分寺と似た結果になったのは歴史のある建物が存在するからだろう。

3. 備考

   3を選んだものを中心に取り上げたのは、私が印象として強く感じたものと考えたからだが、国立と立川のように同じものを選んでも印象が同じというわけではなかった。
   例えば「活気がある」という単語でもその中には何種類もの「活気」が存在するということだと思う。

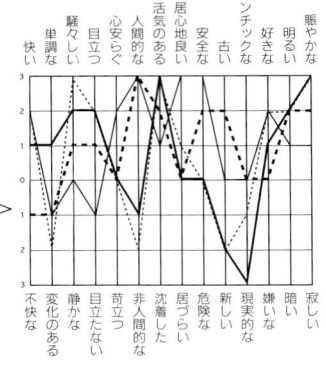

オリジナルのイメージ調査

4地区の調査を私が関心を持った事柄を中心にまとめなおしたもの。

このグラフは、線が上に集まるほど住みやすく、自然もあり、人の集まる賑やかな街になるように作成してある。下側に線が集まると逆の街のイメージとなる。

調査した4地区は、私が知っている街よりも上の項目に線が集まる賑やかな街であったが、各々の街の良さ、悪さがでて、線は大きく動いた。
私が一番住みやすそうだと感じた街は国分寺で、静かで落ち着いた雰囲気が華やかではないが良いところだと思う。
立川は線が最も大きく動いた。立川の良さは、交通や買い物、遊びに便利という点で、住むよりもその特徴が強く印象に残る。このような印象の街で仕事をした人が、国分寺のような街の家に帰るという感じがする。

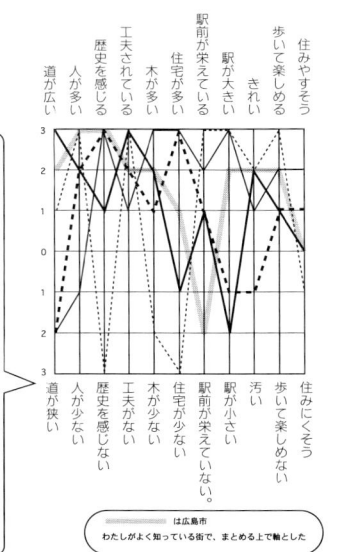

図30. 4地区の環境構成の比較

が実感できたと思う。
　街の全体像を捉えようとする人，逆にディテールにこだわる人等様々な調査結果が現れてくる。街並みの評価は，前述した「私の原風景」で辿った各自の生まれ育った環境にも大きく左右されるとともに，各自の趣味趣向が加味される。
　また，スクーリング等で調査発表の機会を得ることにより，他者と比較することも出来る。同じ街並み景観調査をしながら，街のイメージの捉え方，感じ方の相違を確認し合うことも大切であろう。大別すると，街の嗜好は高円寺対国立，下町対山の手の構図と重なる傾向にある。

第4章:歴史性と地域性から見た街並み景観

　4章では,江戸から東京へと変遷する都市景観を体感すると共に,1.ではミクロからマクロへ,2ではマクロからミクロへと,各自の視点を自在に定めながら,各自のテーマを予め決めてから調査を始めることが望ましい。後述する事例作品を参考にして,各自の「見方」を取り入れながら,独自性の溢れる調査を行なって欲しい。

1. 旧所在地調査

　最近になり,建築物を修理,移築したりして保存する動きが各地で盛んである。そこでは,外から眺めるだけでなく,実際に建物の中に入り生活状況を体験することも可能である。各地にある博物館,資料館等を訪ねた後,その旧所在地を再訪する機会を持つことは貴重な体験となるであろう。

　ここでは,「江戸東京たてもの園」を見学後,各自が興味を持った建物の旧所在地を改めて訪ね,その街の変遷と背景を探索することとした。「江戸東京たてもの園」は,都立小金井公園内に江戸東京博物館の分館として建設され,現地保存が不可能な文化的価値の高い歴史的建造物を移築し,復元・保存・展示することにより,貴重な文化遺産として次代に継承することを目的としている。また,新しい試みとして,下町と山の手の街並みの一端が再現されている。

　下町の一角にある丸二商店(荒物屋)は,昭和初期に建てられた看板建築[*3]と称される建物である。旧所在地は神田神保町で,当時都電が走っていた靖国通りに面していた。店と住まいが一緒になった「併用店

舗」であり，看板建築の特徴は，消費者を意識したファサードとそのデザインの重視にある。本商店のファサードは銅板張りであり，独特なデザインのパラペット（建物の屋上等に設けられた手摺り壁），軒蛇腹及び胴蛇腹，銅板張りの仕上げ等が側面にまで廻っており，2面ファサードを形成している。

　建物は，細かな銅板の連続によって外見が形成され，ファサードの銅板には「亀甲（きっこう）」，「杉綾目」，「青海波（せいがいは）」等の江戸小紋が用いられている。関東大震災以後，次々に建てられた看板建築の多くは洋風のデザインだが，施主は銅板細工の江戸小紋を用いて江戸以来続く伝統を残したいと考えたのかもしれない。この形式は，一方では明治以後の洋風化が下町まで届いたことの証であると同時に，下町に生き続ける江戸の記憶の残照ともいえよう。

　前近代と近代の商店を二分するのは，過剰で個性的な表現である。前近代の商店が蔵造や出桁造といった統一性のある街並みを形成していたのに比して，近代になり誕生した看板建築は非常に装飾的で変化に富んでいるところが興味深い。

　旧所在地の調査では，当時の面影は比較的残っていたものの，今後の存続は危ぶまれる状態であった。この下町商人の粋と見栄の建築群は再開発の波の中に飲み込まれつつある。かつて神田神保町は良質の看板建築が多く現存する場所であったが，老朽化によりその姿は激減している。点在する看板建築から，その時代背景，デザインの変遷を読み取ることが出来よう（図31）。

　ファサードだけは最新の様式を装った看板建築が生まれるという意味では，今日のサインの氾濫，目まぐるしく変貌する都市の表層とも通じている。

3—藤森照信氏は，東京下町に残る商店建築の一群に着目し，これを「看板建築」と命名した。関東大震災後，東京の下町繁華街にファサードを銅板やタイルで装飾した木造2，3階建ての商店建築の一群が生まれた。

丸二商店 (荒物屋)
Maruni Kitchenware Store

建 設 年：昭和初期
復 元 年：1998年（平成10）
旧 所 在 地：千代田区神田神保町三丁目
構 造：木造2階建
建築面積：店舗76.43㎡　長屋40.49㎡
延床面積：店舗151.62㎡　長屋80.98㎡

神田神保町2

専修大学

九段下
靖国神社

④

①

神田神保町3

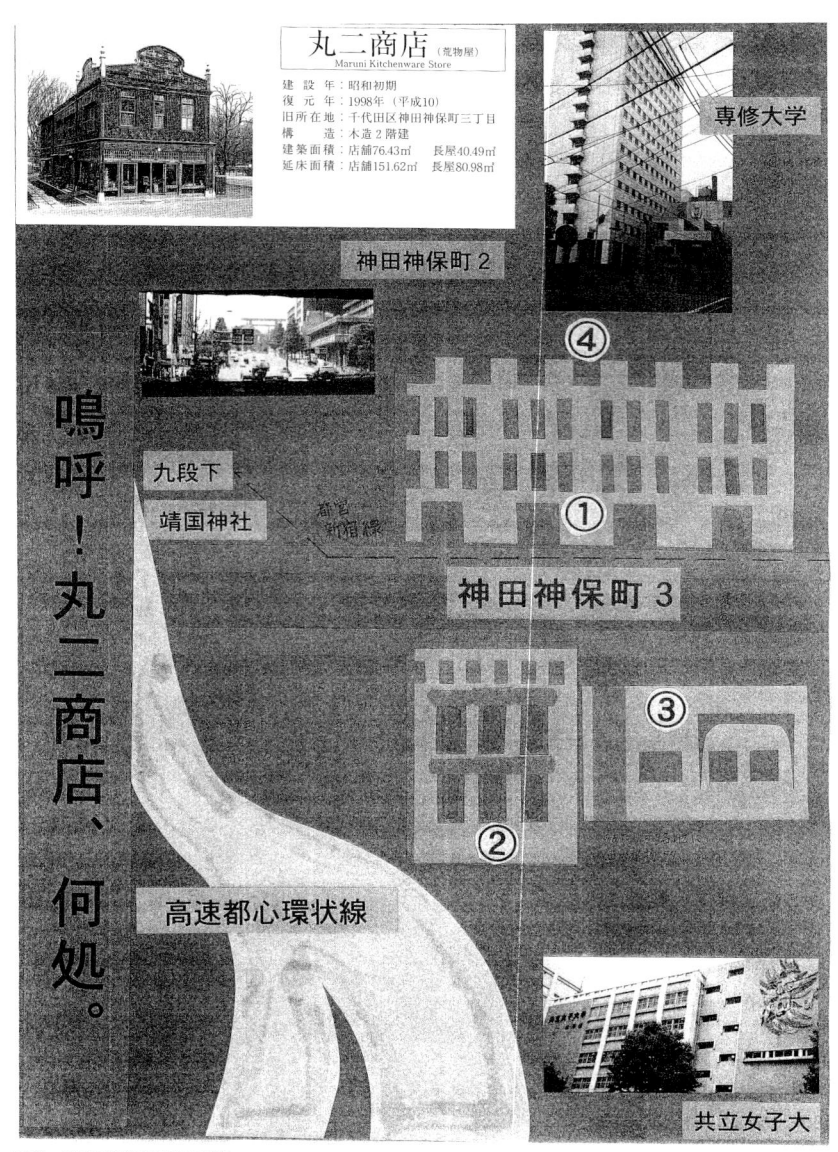

嗚呼！丸二商店、何処。

③

②

高速都心環状線

共立女子大

図31．神田神保町旧所在地調査

136　第4章

MAP

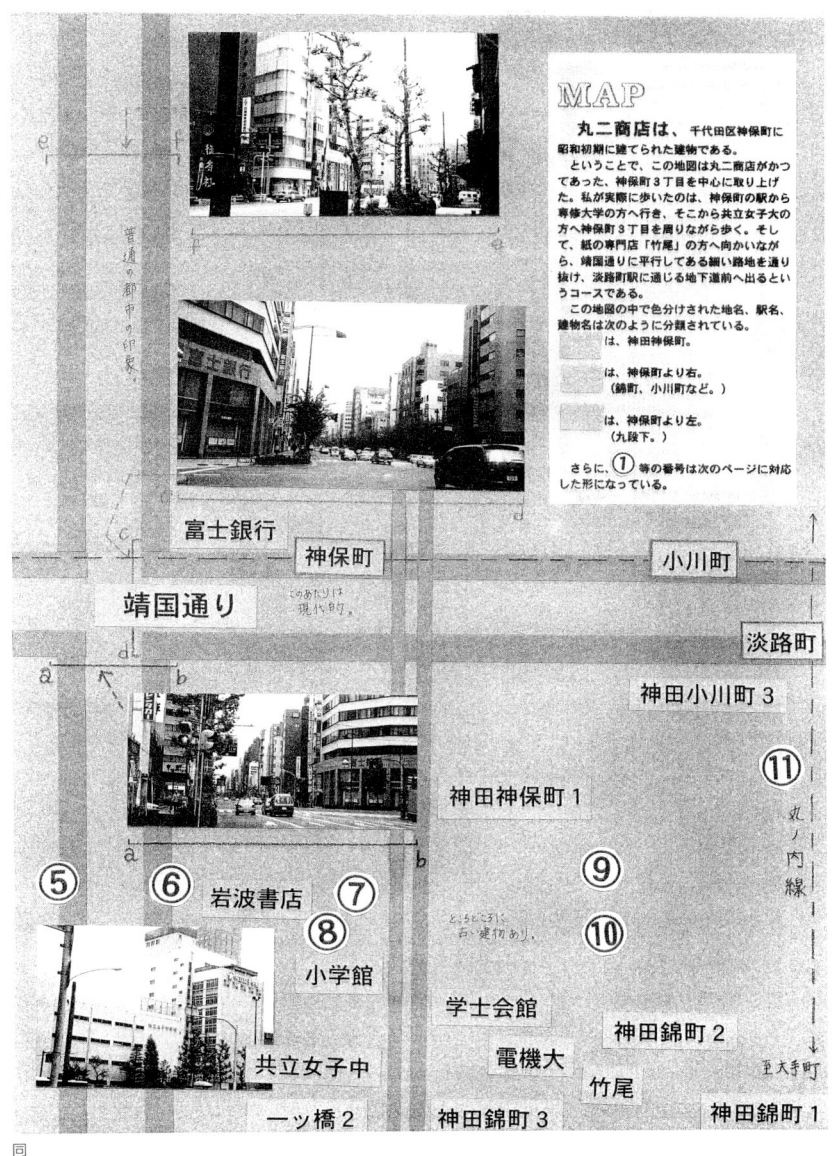

丸二商店は、千代田区神保町に昭和初期に建てられた建物である。

ということで、この地図は丸二商店がかつてあった、神保町3丁目を中心に取り上げた。私が実際に歩いたのは、神保町の駅から専修大学の方へ行き、そこから共立女子大の方へ神保町3丁目を周りながら歩く。そして、紙の専門店「竹尾」の方へ向かいながら、靖国通りに平行してある細い路地を通り抜け、淡路町駅に通じる地下道前へ出るというコースである。

この地図の中で色分けされた地名、駅名、建物名は次のように分類されている。

☐ は、神田神保町。

☐ は、神保町より右。
（錦町、小川町など。）

☐ は、神保町より左。
（九段下。）

さらに、①等の番号は次のページに対応した形になっている。

幹道の都市の印象

このあたりは現代的。

富士銀行　神保町　小川町

靖国通り

淡路町

神田小川町3

⑪

丸ノ内線

神田神保町1

⑨

⑤　⑥　岩波書店　⑦

⑧

小学館

⑩

とちらごろに古い建物あり。

学士会館

神田錦町2

電機大

竹尾

至大手町

共立女子中

一ッ橋2　神田錦町3　神田錦町1

歴史性と地域性から見た街並み景観　137

①④ 丸二商店は、靖国通りに直行する通りに面して建てられていたようだが、この写真の建物は靖国通りに面して建てられている。①は、中根速記学校。④はその裏側の通りの建物である。①の中根速記学校は、3階建てのかなり横長の建物であるが、現在は写真でもわかるように、1階は煙草屋、眼鏡店、飲食店、さらには１００円ショップまで並んでいる。建物自体、見るからに古く、保護のためか一部網で覆われている状態であるが、時代の移り変わりを感じさせる。建物の先に見える建物の煙草の宣伝看板が真新しく、不釣り合いな印象を受けた。この印象は、靖国通りの至る所で感じられる。真横に高速道路心環状線が通り、前は車が途切れることなく行き交う。少し先は現代的な建物が立ち並んでいる。地下には電車も走っている。そのような中でこの建物は異質であるし、いつまでこの姿で建っていられるのだろうかという気がした。

道路に面している上に、真横に通っているのは、高速都心環状線。しかし、この先に靖国神社があり、現代と過去が共存しているともいえる。

官庁付属品（徽章・資章）戸室商店 TEL3261-3394

∪∪∪∪∪∪∪∪∪型になっている上端部の独特の形も、パラペットと呼ばれる手すり壁の一種なのだろうか。

④

一階に並ぶお店。先に見える煙草の宣伝看板と対象的。

②③⑤⑥⑦

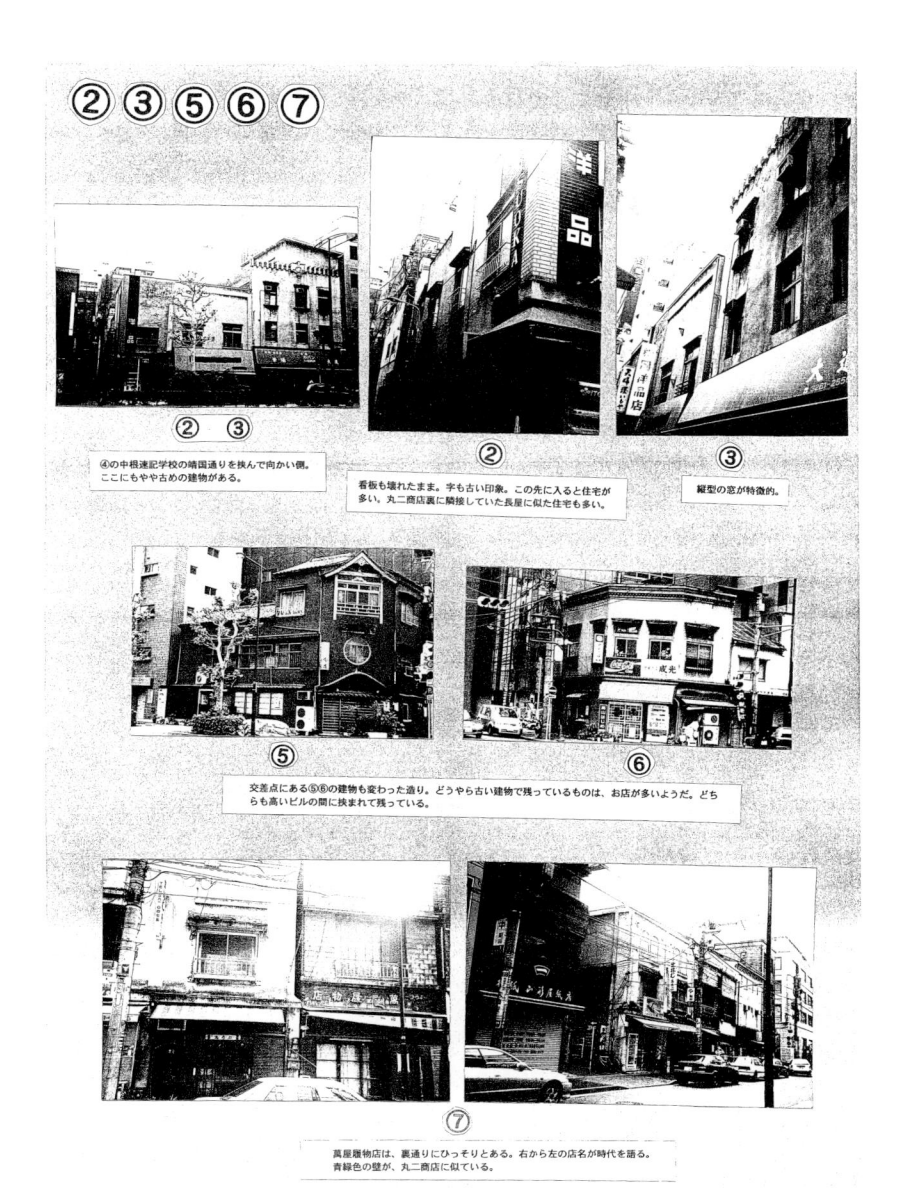

② ③

④の中根速記学校の靖国通りを挟んで向かい側。
ここにもやや古めの建物がある。

②

看板も壊れたまま。字も古い印象。この先に入ると住宅が多い。丸二商店裏に隣接していた長屋に似た住宅も多い。

③

縦型の窓が特徴的。

⑤ ⑥

交差点にある⑤⑥の建物も変わった造り。どうやら古い建物で残っているものは、お店が多いようだ。どちらも高いビルの間に挟まれて残っている。

⑦

萬屋履物店は、裏通りにひっそりとある。右から左の店名が時代を語る。
青緑色の壁が、丸二商店に似ている。

歴史性と地域性から見た街並み景観　139

⑧ ⑨ ⑩ ⑪

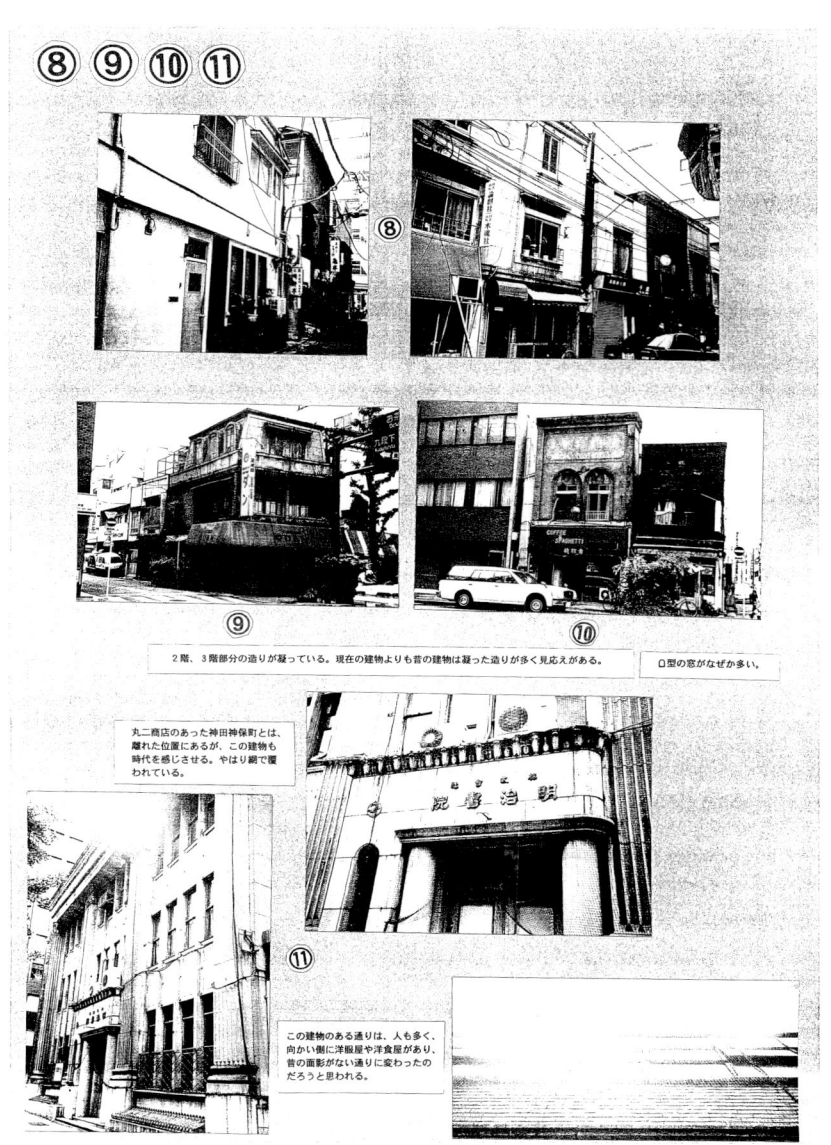

⑧

⑧

⑨ ⑩

2階、3階部分の造りが凝っている。現在の建物よりも昔の建物は凝った造りが多く見応えがある。

ロ型の窓がなぜか多い。

丸二商店のあった神田神保町とは、離れた位置にあるが、この建物も時代を感じさせる。やはり網で覆われている。

⑪

この建物のある通りは、人も多く、向かい側に洋服屋や洋食屋があり、昔の面影がない通りに変わったのだろうと思われる。

同 ●図25〜31　制作：小野真理沙

2. 下町，山の手，水系空間調査

　ここでは，3章の調査方法を踏まえ，各自が自由な発想を取り入れながら調査研究を進めてみよう。対象地域を広げ，歴史性と地域性を色濃く残す下町，山の手，水系空間（河川，運河等）を巡ることで江戸から東京への変遷を辿ってみたい。古くからの街を歩いてみると，街の個性的な成り立ちを感じることができる。

　まず，「江戸東京重ね地図」より，江戸末期安政3年と現在の地図を比較する。下町より根津神社周辺（図32・33），山の手より有栖川記念公園周辺（図34・35），水系空間より清澄庭園周辺（図36・37）を見ると，驚くばかりに骨格，主要地点が重なり合っていることが理解される。地形，道路，水路等の骨格を活かしつつ，大名屋敷等大きな空間は，そのまま公共空間に転用されながら今日に至っている。

　東京の街の中に継承された歴史的要素や骨格は，震災，戦災，さらに高度成長下の破壊・改造の大波を受けつつ，根本的には変容していない。一度形成された都市の歴史的構造は，例え木の文化とはいえ，簡単に崩れはしない。驚くべきことに，江戸の道ばかりか街区の形態等までそのほとんどが現状の上に重なり，一見して混沌とした東京の中に極めて明快な都市構造の全体像が浮かび上がってくる。

　都市は様々な要素が集まって組み立てられている。建物にしても道にしても，ある文法により構造化された文脈を持っている。東京の場合，その個性を演出している根底の文脈は，豊かな地形の上に展開した壮大な城下町江戸の建設と共に，形成されたといえる。だからこそ，混沌として目に映る現在の東京の中に空間的骨格を見出すためにも，実際に自分の足で歩き，地形とその上に歴史的に成立した土地利用のあり方を体感しながら「都市を読む」ことが最も有効な方法ではないか。

　江戸東京の空間的骨格を色濃く残す下町，山の手，水系空間の3地

図 32. 根津神社周辺（安政 3 年）

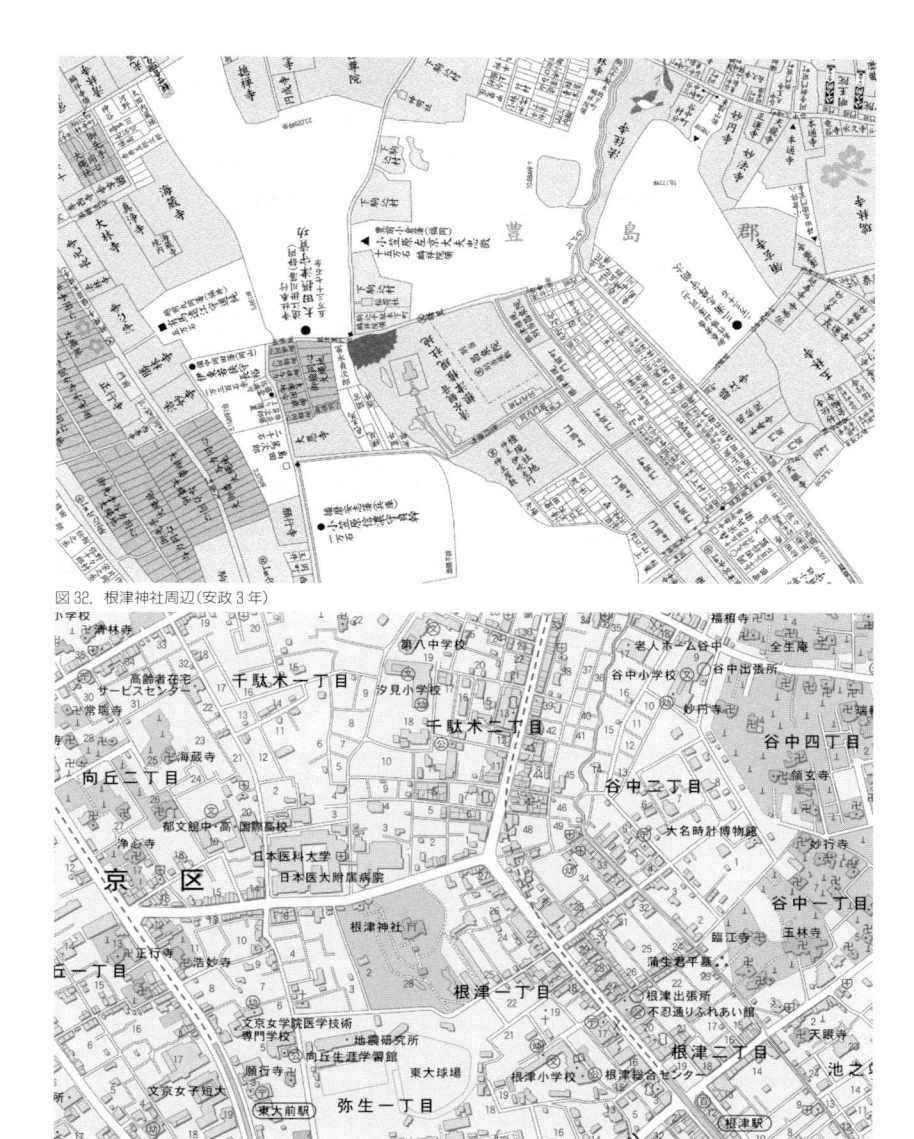

図 33. 根津神社周辺（現在）

歴史性と地域性から見た街並み景観　143

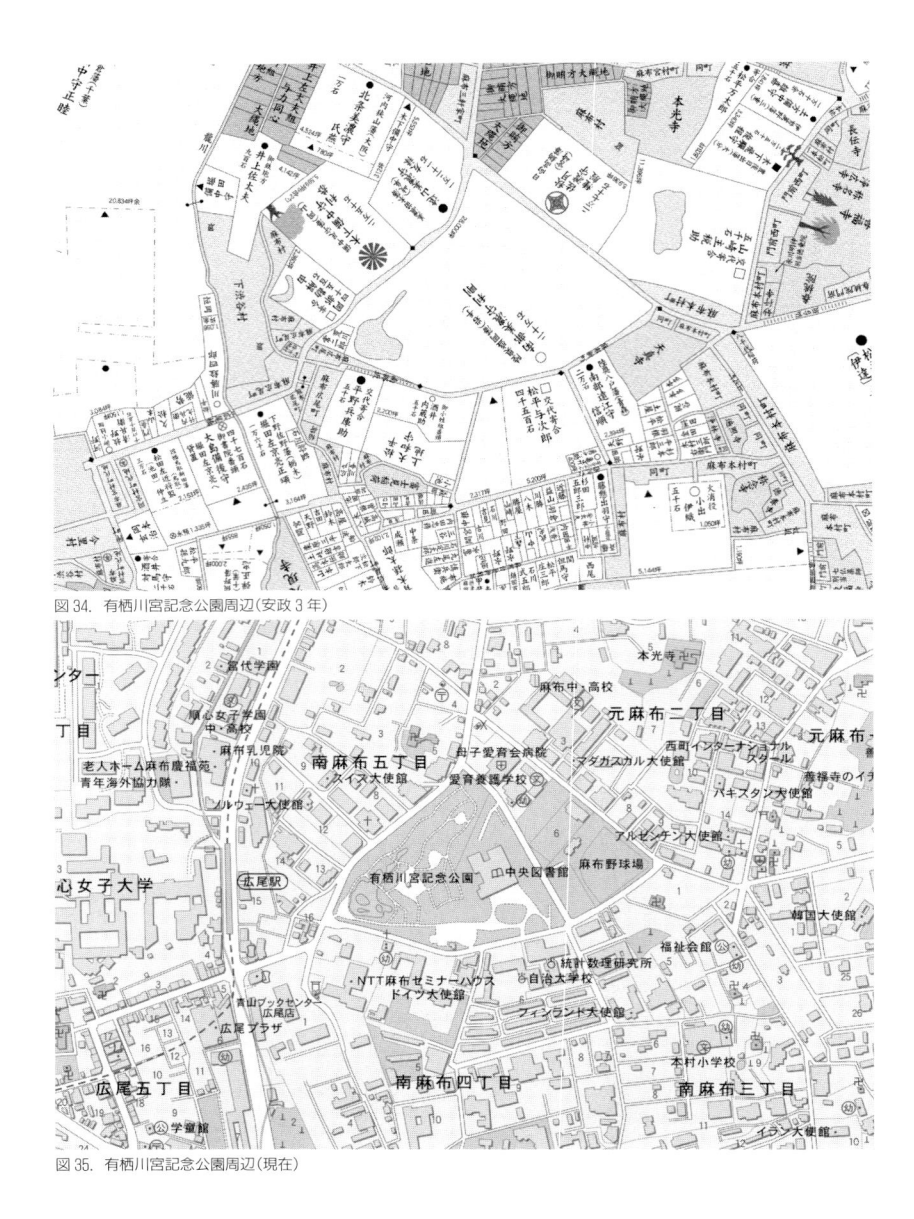

図 34. 有栖川宮記念公園周辺(安政 3 年)

図 35. 有栖川宮記念公園周辺(現在)

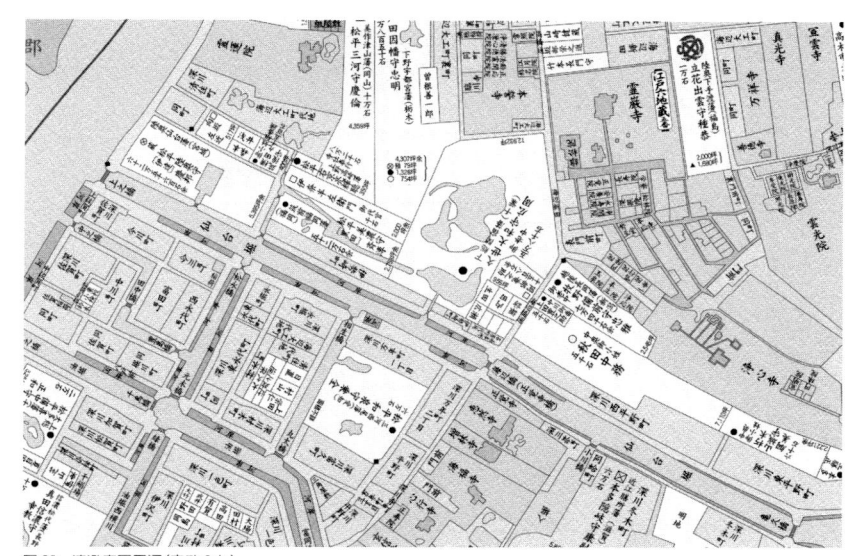

図 36. 清澄庭園周辺（安政 3 年）

図 37. 清澄庭園周辺（現在）　●図 32〜37　出典：『CD-ROM 江戸東京重ね地図』より
©中川恵司＋APP カンパニー＋菁映社

歴史性と地域性から見た街並み景観　145

域を実際に探索しながら，その歴史性と地域性を意識しつつ，調査研究の糸口を探すこととする。江戸の地域ごとの性格の違いが現在の東京に様々な形で受け継がれていることが理解されよう。

a．下町調査（谷中〜根津〜千駄木）

上野の山の北から西にかけて広がるのが台東区谷中，文京区根津，千駄木の地域（通称，谷根千）である。台地と低地にまたがり，懐深くゆったりと展開する地域を歩くと，古い建物が数多く残るばかりか，人々の暮らしぶりに伝統が今なお生きていることを印象付けられる。

この地域は植木の里，寺社詣や花見の名所として盛んになり，比較的新しく開けたが震災・戦災での焼失が少なく，今では下町的な面影を残す数少ない地域となっている。数多くの寺とその間を縫う坂，「路地」が織り成す特徴のある都市空間は，東京でも一味違った魅力を発している。しかし，最近は再開発の波に揉まれて徐々に変貌しつつあるのも現実である。

谷中は寺が70以上もある寺町で，その門前を切り込んで町屋が出来ていった。そのため寺，墓地等の空地があり人口密度も低く，緑も多く，ゆったりとした風情のある町である。

根津は，谷底の藍染川（現在は暗渠）沿いに商業地が開け，根津神社の造営（宝永3年，1706）をきっかけに門前一帯が賑わい，明治21年までは根津遊郭があった。現在では商人と職人の多い町で，人口密度が高く，人間関係の濃いコミュニティを作っている。

千駄木は，明治以前は上野・寛永寺の管理する雑木林だったが，明治以降，東京大学の後背地住宅として多くの学者・文化人が住み，根津より高級な中産階級向きの貸家群が建てられていた（図38）。

ここには地域の産業となっていた様々な職人の営みが未だ見られ，下町の生活と結びついた懐かしい店が幾つもある。表通りを除けば，江戸から明治にかけてできた道のネットワークがそのまま受け継がれ，

狭い道や奥へ入り込む路地が，人々の日常の生活空間として，実によく使われている。人々は路地で立ち話をしたり，子供，老人たちも生き生きとしている。東京の都心が住みづらい町へと変貌する中，安らぎのある生活空間が営まれている。

上野台地と本郷台地に挟まれた谷根千の地域には，今でも根津権現を核にまとまりのあるコミュニティが生き続けている。確かに，以前の参道の道筋には無数の自動車が行き交い，その表通りに沿った現代の風景からは，江戸から引き継がれた都市の文脈は読み難いものになっている。しかし，一歩路地の奥に入れば，そこには人々の生活の中で多様に意味付けられた濃密な空間を随所に見出すことが出来る。幸いにも震災と戦災を免れた根津には，江戸時代にも通じるとするヒューマン・スケールで組み立てられた生活空間が，今日までよく遺されている。画一化する現代の東京において，時間と空間の中で培われた地域の個性を今なお留めるこの地域は，その重要性を一層高めていくに違いない。

b．山の手調査（広尾〜麻布・白金〜恵比寿〜代官山）

山の手は，近代にも区画整理等の都市改造を受けずに，土地利用が変化してきたため土地の起伏，坂等に江戸時代から培われてきた特有の空間の面影を残しているところが多い。

東京が近代国家の首都と成りえたのは，そのために必要な政治・軍事施設，教育・文化施設，業務施設，さらには華族，新興支配階級の邸宅等，多くの施設や建物を受け入れられる，大名屋敷の広い敷地がそのまま使えたからである。都市の基本的な枠組みを壊さずに，連続的，柔軟な方法で都市の近代化が成し遂げられたのである。

有栖川宮記念公園は，園内の池はほぼ昔のままの形を留めており，幕末までは南部美濃守の下屋敷であった。すぐ横の台地斜面の地形をうまく利用した坂は南部坂と呼ばれていた。明治に入り，この辺り一

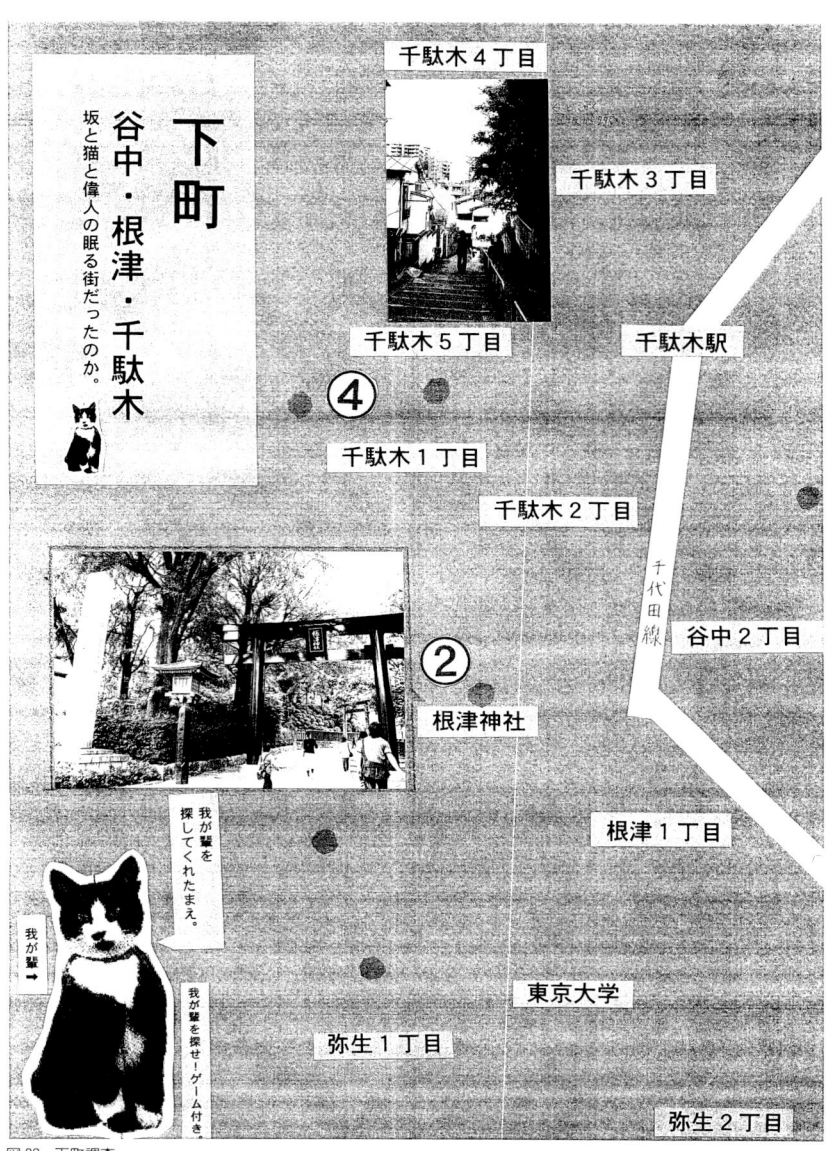

下町
谷中・根津・千駄木
坂と猫と偉人の眠る街だったのか。

千駄木4丁目
千駄木3丁目
千駄木5丁目
千駄木駅
④
千駄木1丁目
千駄木2丁目
千代田線
谷中2丁目
②
根津神社
根津1丁目
我が輩を探してくれたまえ。
我が輩→
我が輩を探せ！ゲーム付き。
東京大学
弥生1丁目
弥生2丁目

図38. 下町調査

148　第4章

下町MAP

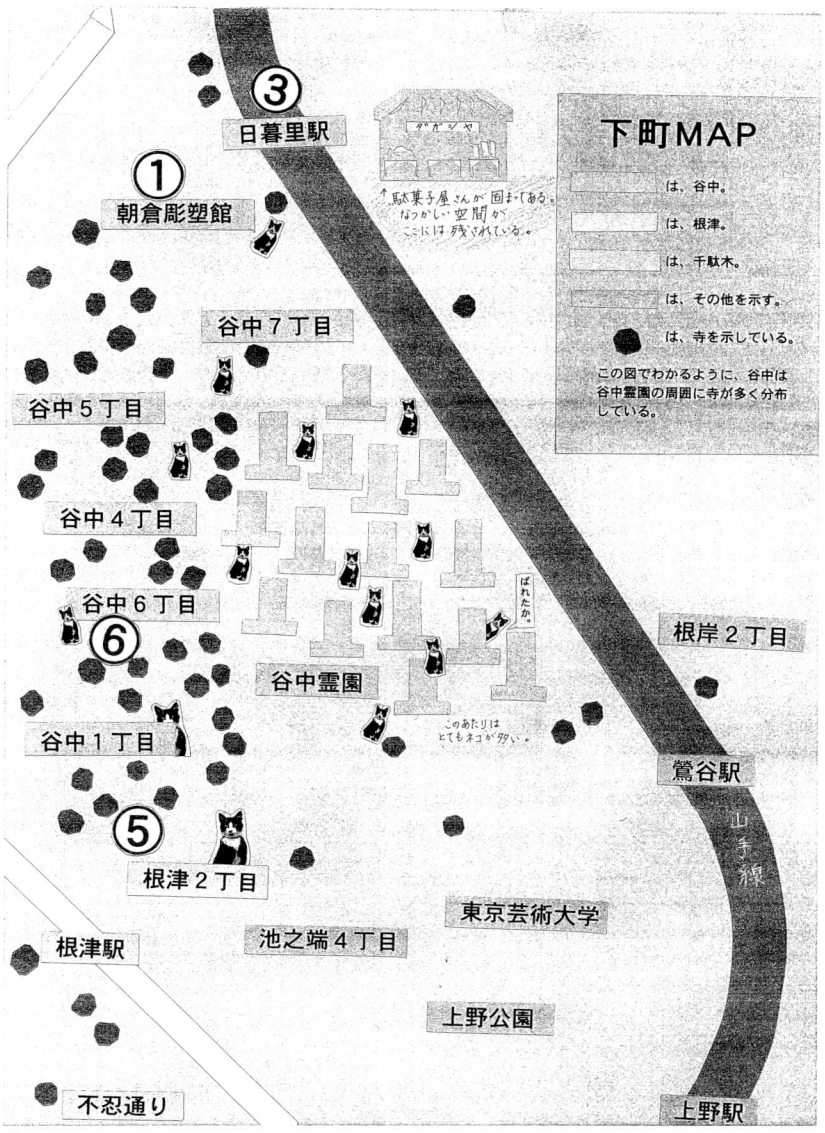

□ は、谷中。
□ は、根津。
□ は、千駄木。
□ は、その他を示す。
● は、寺を示している。

この図でわかるように、谷中は谷中霊園の周囲に寺が多く分布している。

① 朝倉彫塑館
③ 日暮里駅
⑤ 根津2丁目
⑥ 谷中6丁目

谷中7丁目
谷中5丁目
谷中4丁目
谷中1丁目
谷中霊園

根岸2丁目
鶯谷駅
山手線
東京芸術大学
池之端4丁目
上野公園
上野駅
根津駅
不忍通り

↑駄菓子屋さんが囲まである。なつかしい空間がここには残されている。

ばれたか。

このあたりはとてもネコが多い。

歴史性と地域性から見た街並み景観　149

① 朝倉彫塑館

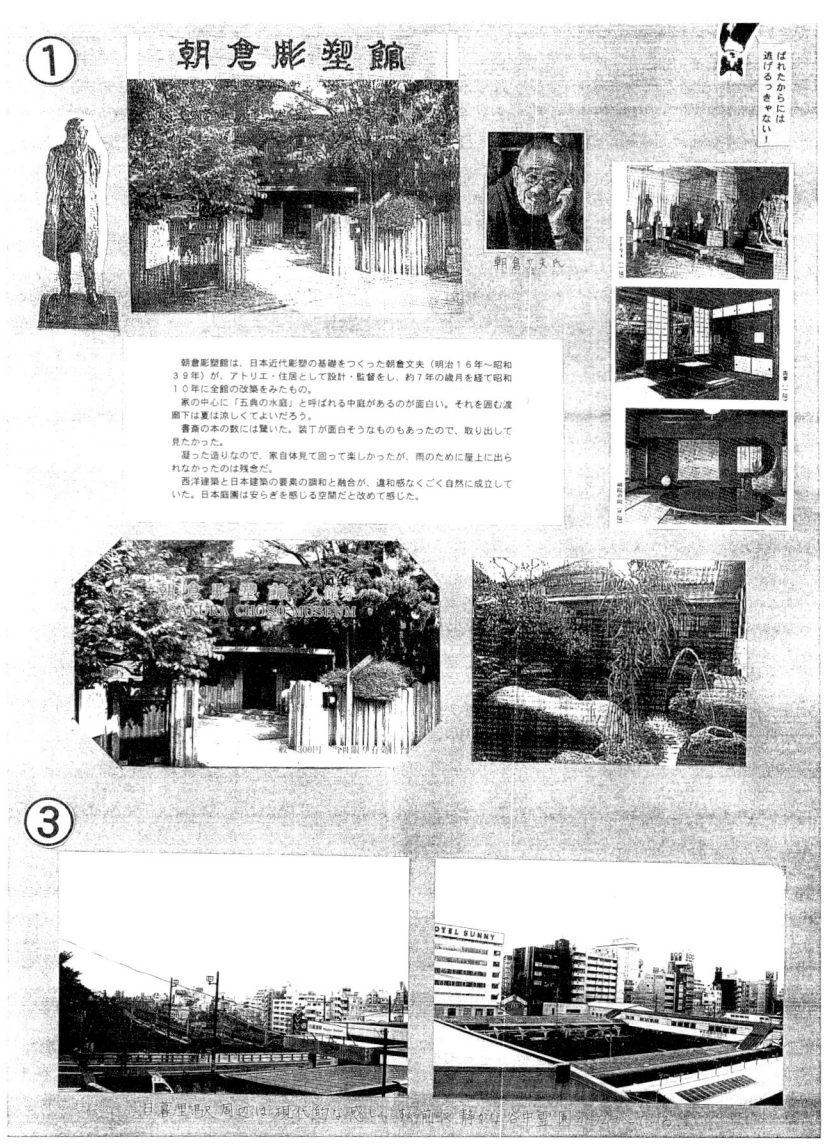

ばれたからには
逃げるっきゃない！

朝倉彫塑館は、日本近代彫塑の基礎をつくった朝倉文夫（明治16年～昭和39年）が、アトリエ・住居として設計・監督をし、約7年の歳月を経て昭和10年に全館の改築をみたもの。
家の中心に「五典の水庭」と呼ばれる中庭があるのが面白い。それを囲む渡廊下は夏は涼しくてよいだろう。
書斎の本の数には驚いた。装丁が面白そうなものもあったので、取り出して見たかった。
凝った造りなので、家自体見て回って楽しかったが、雨のために屋上に出られなかったのは残念だ。
西洋建築と日本建築の要素の調和と融合が、違和感なくごく自然に成立していた。日本庭園は安らぎを感じる空間だと改めて感じた。

③

150　第4章

②

根津神社

朱色や極彩色に彩られた権現造。境内には三つの池、背後にはつつじ山と、古木茂る自然の林が控え、江戸時代からの名所になっている。雪に、月に、花に良いと、多くの人が杖をひいた。左手の石段を上ると、乙女稲荷社の赤い鳥居が続き、この地で生まれた6代将軍家宣の抱衣塚（えなり）がある。【るるぶ東京を歩こう　より】

根津神社は、江戸時代に根津権現社（ねづごんげんしゃ）といい、明治の神仏分離後、根津神社と改称した。創建年代は不明。縁起によると、日本武尊（やまとたけるのみこと）が創立し、、文明年中に大田道灌（どうかん）が再興したという。本殿、幣殿、拝殿、唐門（からもん）、西門、塀、楼門（ろうもん）は国指定の重要文化財である。根津神社の建築様式は権現造りである。権現造りは本殿の前に拝殿を造り、本殿と拝殿の間に石の間または相の間と呼ぶ別棟を建て、"エ"の字型に連ねる様式で、江戸時代初期に流行した。【文京区の歴史　より】

根津というのは江戸中期、幕府の造営によって根津権現ができるまで、文献にはこの地名はなかったそうである。神社も千駄木に鎮坐していたものが、この中腹に移された。移されたとき、根津という固有名詞がついた。門前に遊廓があって、繁華を支えた。"根津門前"と呼ばれる遊里である。（江戸期日本では、神聖場所と遊び場所がセットになっていたらしく、神社の門前にあるのは珍しくなかった。）根津権現の池は、東大構内の三四郎池と同様、本郷大地の地下水脈が湧き出したものであるらしい。
【本郷界隈　司馬遼太郎　街道をゆく37　より】

◎根津神社を訪れたのは2回目でだった。初めて来たときは周りの風景も含め、下町はこんな感じなのかなと強く感じたのだが、今回来て感じたのは、静かで、木が多いせいか涼しい感じの場所であるということだった。私が身近に感じてきた宮島の厳島神社は、観光地ということもあり、人も多く賑やかで、近くにお店も並んでいて、鹿も至る所にいる。それが神社の厳かな雰囲気を乱しているという部分もあるのではないかと思うのだが、根津神社は、それらとは無関係で、神社の静かで厳かな雰囲気を保ち続けているような気がした。

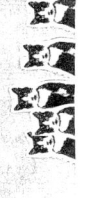

忍法分身の術！でーーーん！

←司馬遼太郎著『本郷界隈』の表紙に使われている根津神社の写真

歴史性と地域性から見た街並み景観　151

鴎外記念室案内 ④

文京区立鴎外記念図書館

団子坂の頂点に建っている。以前は東京湾が眺められるような見晴らしのよい場所だったようだ。かつては植木屋が多かった江戸・明治の近郊のこのあたりは菊人形で知られているらしい。

この近くには、夏目漱石旧居跡の碑や、高村光雲、光太郎親子の住居跡等、過去の著名人が下町を気に入ったらしい様子が伺える。

このあたりに坂が多いのは、地質時代の区分での洪積世まで、浅海のなかにあったことと、その後の海が後退し、台地が浸食、海食、河食、溶食によって谷や窪地ができた結果ということ。静かな場所だから作家は文章が浮かびやすいのか……。

文京区立
鴎外記念本郷図書館
〒113-0022 東京都文京区千駄木1-23-4
☎03(3828)2070

ちっ、めざといなっ

⑤

少し古い建物
住宅ばかりで
建ってるのが
町を感じる

152　第4章

⑥

谷中地区

谷中は地図を作る最中にはっきりと感じたが、とにかく寺が多い（地図上赤丸印）。江戸時代初期以降の寺院街に加えて、谷中墓地（谷中霊園）があるために著名人の墓の多い地域ということである。

谷中ぎんざという商店街もあるが、下町と呼ばれる場所は、このような小さな商店が集まるお買い物通りがよくあるように感じた。

また、住宅を見ても古くから住み続けているような家が多く、そこにはまたよく猫がいる。そしてその風景にぴったりと猫が溶け込んでいる。これが下町なのか！という気がする。それほどの猫の存在感。猫が人間が通れないような細い間を、するりといつも通っているその自然な動きで通り抜けて行くとき、住みやすい隠れがのようなひっそりとした懐かしい空間が広がっているようなそんな気持ちにさせる下町の路地だった。

ばれたか。

猫の溶け込む風景。

歴史性と地域性から見た街並み景観

山の手調査

広尾 ➡ 麻布十番 ➡ 六本木
目黒 ➡ 恵比寿 ➡ 代官山

自然と外国人と大使館と商店街と何でも揃うアミューズメントゾーンと坂が共存する地域。カモ（？）も遊びたくなる山の手。

今回は広い範囲をまわっているので、ひとまとめに説明するのは難しい。

広尾は、大使館が多いということで、外国の人が多いという印象が強かった。六本木に近いのに麻布十番は庶民的な雰囲気があった。

目黒駅周辺は、首都高速道が上を走る橋に、国立自然教育園という大きな森のような景色が広がっている。恵比寿駅の近くのガーデンプレイスは都市的な場所だった。

行ったことのなかった代官山は、イメージ通りの若者の街ではあったけれど、街の雰囲気を時間をかけて造り上げてきてまだその最中でもある建物の美しい場所だった。

都心というとどうしても新しい建物や、駅前などを想像しがちで、神社や住宅を見ると、イメージと違うような気もしたが、下町の風景と比べることによってやはり差は感じられる。デパートなどの建物の数は圧倒的に多いし、これから先に新しく変化していく人の生活に足並みをそろえているというように感じられる。

■ は、大使館を示す。

代官山駅
ヒルサイドテラス
営団日比谷線
中目黒駅
恵比寿駅
恵比寿ガーデンプレイス
⑦
目黒駅

図39. 山の手調査

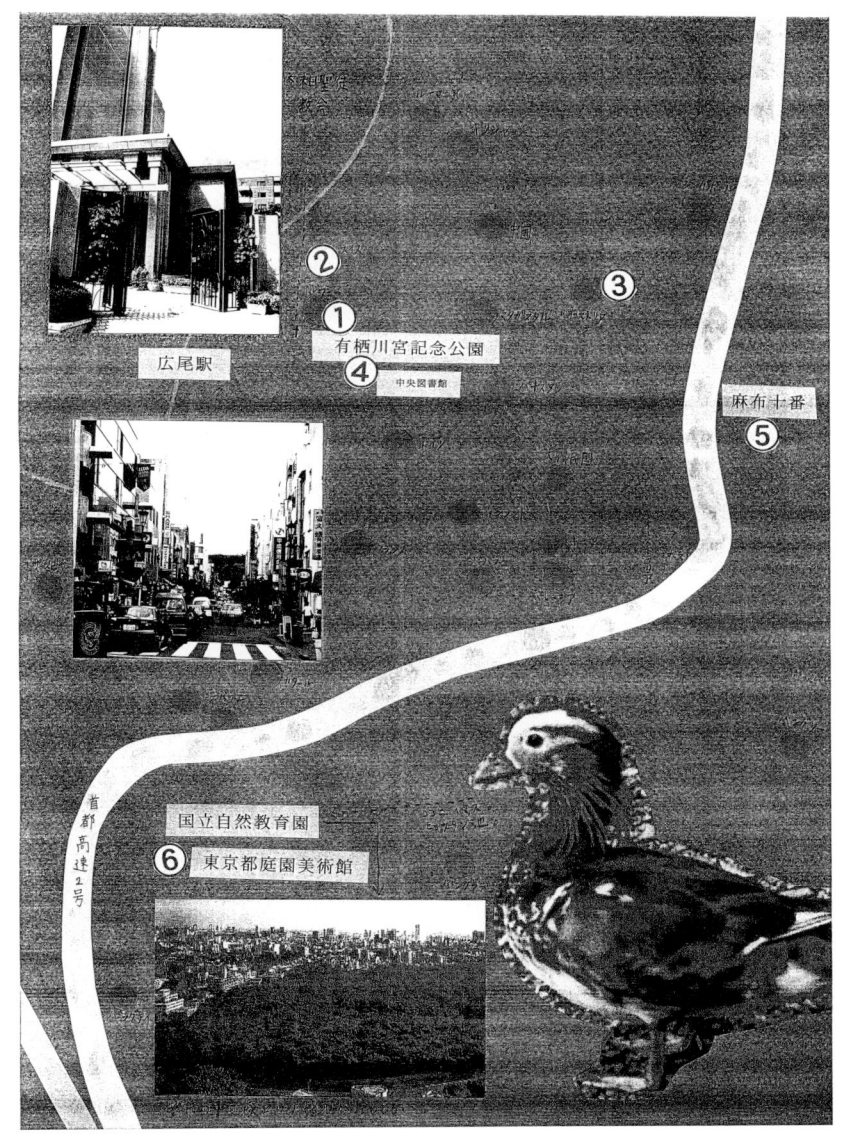

① 有栖川宮記念公園
② 広尾駅
③
④ 中央図書館
⑤ 麻布十番
⑥ 国立自然教育園
東京都庭園美術館

首都高速2号

歴史性と地域性から見た街並み景観　155

156　第4章

⑤

歴史性と地域性から見た街並み景観　157

⑥

東京都庭園美術館
庭園入場券
Tokyo Metropolitan Teien Art Museum

Garden

←国立の
一橋大学

№ 45555　国立科学博物館附属　自然教育園

←下町代表の谷中ぎんざ

158　第4章

⑦

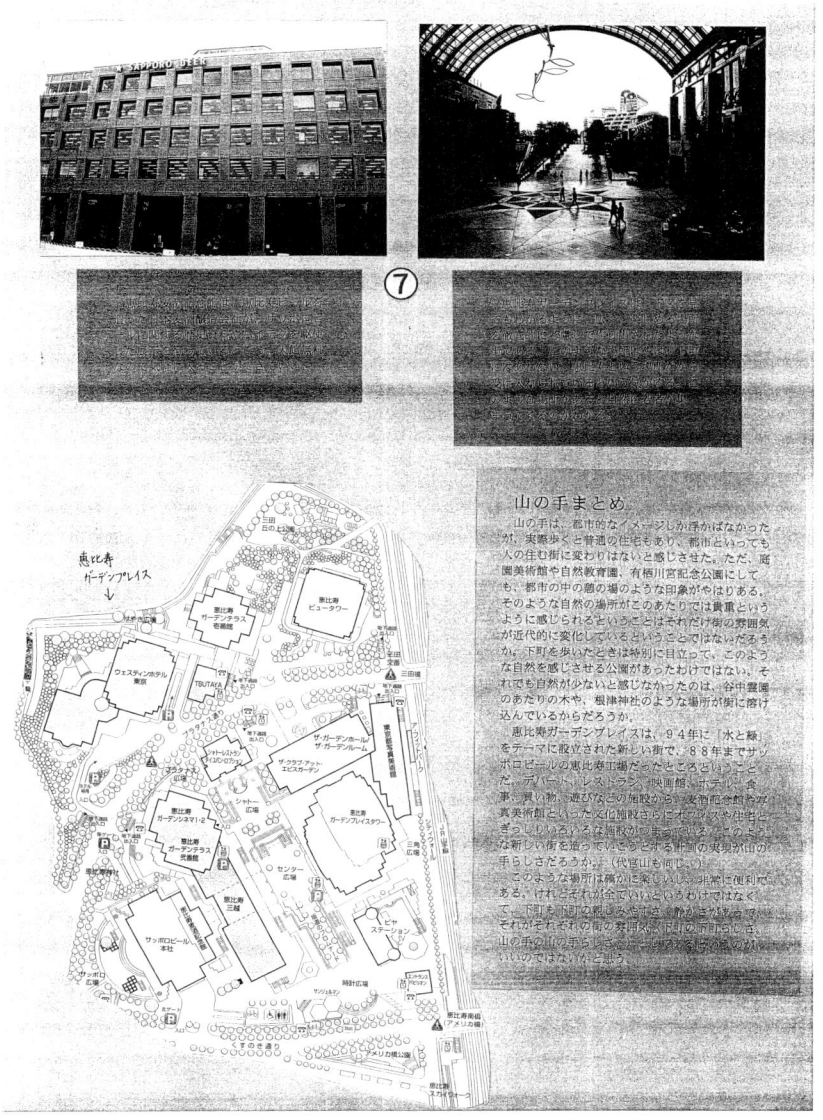

山の手まとめ

　山の手は、都市的なイメージしか浮かばなかったが、実際歩くと普通の住宅もあり、都市といっても人の住む街に変わりはないと感じさせた。ただ、庭園美術館や自然教育園、有栖川宮記念公園にしても、都市の中の篭の場所のような印象がやはりある。そのような自然の場所がこのあたりでは貴重ということはそれだけ街の雰囲気が近代的に変化しているということではないだろうか。下町を歩いたときは特別に目立って、このような自然を感じさせる公園があったわけではない。それでも自然が少ないと感じなかったのは、谷中霊園のあたりの木々、根津神社のような場所が街に溶け込んでいるからだろうか。

　恵比寿ガーデンプレイスは、94年に「水と緑」をテーマに設定された新しい街で、88年までサッポロビールの恵比寿工場だったところということだ。デパート、レストラン、映画館、ホテル、食事、買い物、遊びなどの施設から、麦酒記念館や写真美術館といった文化施設、さらにはオフィスや住宅もぎっしりとあるような施設が集まっているオアシスのような新しい街を造っていこうとする姿勢が実現が山の手らしさだろうか。（代官山も同じ）

　このような場所は綺麗だし楽しいし、非常に便利である、けれどそれが全てというわけではなく、古くから下町を開発する意気込みはあまり感じさせないがそれがそれぞれの街の雰囲気や伝統の表現に結びつき、山の手の街も下町のようなその良さを残せるのがいいのではないかと思う。

同

歴史性と地域性から見た街並み景観　159

帯は畑や林に戻ってしまったところが多いが，後に有栖川宮，高松宮御用地を経て，現在は都市公園として人々に親しまれている。

　この周辺は，大使館が非常に多い。南部坂に沿ってドイツ大使館がある。また，酒井家・木下家等の屋敷跡で，松平主水の屋敷跡を利用した隣の自治大学・文部省統計数理研究所との間の細い道を南に行き右折すると，フランス大使館がある。

　この一帯には，ドイツ，フランスの他に，フィンランド，ノルウェー，スイス，チェコ，スロバキア，ギリシア，ルーマニア等のヨーロッパ諸国の大使館があり，中国大使館，韓国大使館等アジア，アフリカ，ラテンアメリカの大使館も集中している。このように，武家屋敷跡をそのまま大使館に転用している（図39）。

　江戸時代には，地形の高低差がそのまま階級による住み分けと結びついており，この一帯には，大名の中屋敷や下屋敷が多く存在していた。こうした広い屋敷と豊かな緑を利用して現在も公園やホテル，大使館等がつくられるという意味では東京の山の手には歴史的な連続性が今なお生きているといえよう。

　高台の一帯を大名屋敷から下級武家屋敷に至る武家地が広がっていた。その低地には，武士の生活を支えるために商人や職人の住む町が形成された。現在でもこの構造は受け継がれ，高台のお屋敷町や高級マンション街から坂を降りると必ず商店街があり，「麻布十番商店街」等はその代表である。

c.　水系空間調査（浅草～隅田川～浜離宮恩賜公園，深川～富岡八幡宮～清澄庭園）

　ここでは，高台から低地に広がる水系空間へと視点を移してみよう。江戸は，隅田川と数多くの堀割によって成り立つ，水の都であった。河川には本来，人間の営みと結びついた機能が集まり，流通・経済活動のための蔵，河岸が並び，自然景観を生かして大名の下屋敷が置か

れ，町人の通り茶屋，料亭が並び風光明媚な遊興空間を作り上げていた。

また，江戸は高密度木造都市であり，火災が多く発生したため蔵が重視された。流通経済の上で河岸蔵は重要であり，舟から陸揚げされた商品を納めると共に，火災の際は商品を守るという利点もあった。この地域は震災，戦災を受け，土蔵は失われたが，今でも倉庫，材木屋，印刷業等水運と結びついた業種が引き継がれている。

江戸後期に周囲を埋め立てられたために今ではわかりにくいが，深川の富岡八幡宮は，海面を背にする典型的な立地のあり方をしていた。江戸では，宗教的空間は市民の日常生活の場から離れ，他界と結びつく聖なるイメージを持った水景が下町では神聖な場所として選ばれ，また盛り場として発展した。富岡八幡宮の祭りは日枝神社，神田明神と並び江戸三大祭の一つとして賑わい，貞亨元年(1684)以来，毎年勧進大相撲が，寛政3年(1791)両国回向院に移されるまで行われ，境内には代々の名が刻まれた横綱碑，大関碑がある。

江戸の後期になると，その中心が浅草，本所，深川方面に移動し，世界最大の都市に膨れ上がった江戸の庶民にとって，隅田川畔からの眺望は，日常生活からの解放を求める場所であったろう。隅田川から東京湾の海水を引き込んだ回遊式の「潮入り庭園」を持つ大名庭園であった現在の清澄庭園，将軍の御狩り場であった浜離宮恩賜庭園にその名残りを見ることが出来る。清澄庭園は，豪商・紀伊国屋文左衛門邸に始まり，後に下総関宿藩(千葉)五万八千石・久世大和守下屋敷となり，明治に入り明治の政商・三菱の岩崎の別邸となった変遷がある(図40)。

下町を流れる隅田川は，江戸東京の経済，産業，文化等と結びつき，その水景は人々に親しまれ，浮世絵等にも数多く登場する。ところが戦後，水際は高いコンクリートの堤防となり，高速道路の建設，水質の汚濁等で，隅田川の水景は破壊されていく。その反省から近年にな

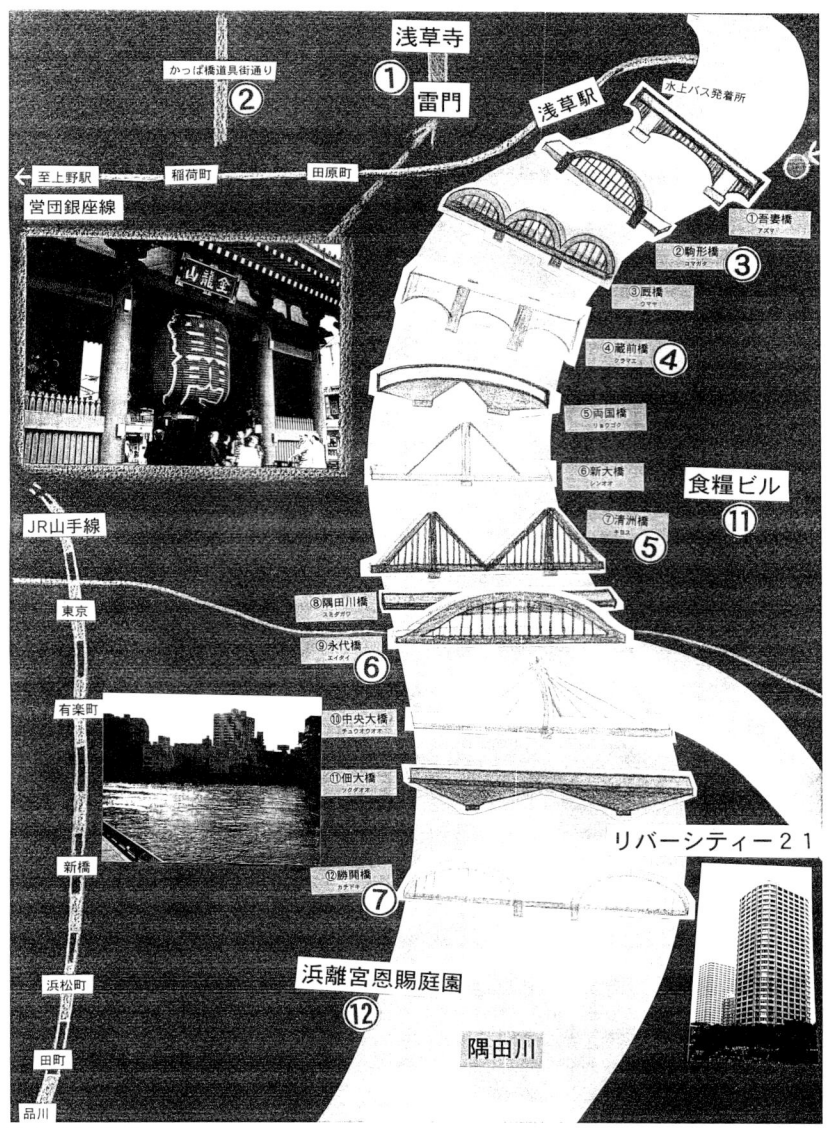

図40. 水系空間調査

浅草
十二の橋と隅田川

今回も、①②等の番号は次ページからの写真と対応している。

No.005
東京都立 清澄庭園

深川江戸資料館 ⑨

→ 清澄庭園 ⑬

深川不動尊 ⑧

富岡八幡宮 ⑩

門前仲町駅
営団東西線

歴史性と地域性から見た街並み景観　163

① 　雷門は、雑誌で写真を見たことがあったが実際に見ると、想像より小さかった。外国人が多いのは代表的な日本のイメージが残っているからだろうか。
　浅草寺を中心とする浅草公園一帯は、江戸から昭和の初めまで江戸一番の繁華街だったそうである。東洋最初の地下鉄（現在の銀座線の一部）が上野一浅草間で開通したのが昭和2年ということもあって、当時は人が賑わう場所だったことが伺える。もちろん現在も人は多い。私が訪れた際も修学旅行中らしい小学生の団体を見た。しかし仲見世の雰囲気も含めどうも観光地という印象が強く残った。
　雷門は浅草寺の総門で、数度の火災と再建を繰り返している。雷門から約140㍍の参道の仲見世は、浅草寺の境内の掃除役の代償に営業権が認められたのが始まりということである。人力車と人力車を押す人の格好が江戸風で新鮮だった。この場にはよく溶け込んでいる。

かっぱ橋商店街
　プロの料理人御用達の道具専門店街ということである。約200店舗もあるというからすごい。
　商店の看板横に宙を飛ぶように店名を知らせているかっぱの群れもすごいが、「ニイミ洋食器店」の屋根の上のコックのモニュメントはもっとすごい。創業者のモニュメントを屋根に作る理由は何だったのだろう。
　通りの道幅も狭く、きれいな雰囲気はないが、歩いていると引き込まれるような親しみやすさがある。食品サンプルの専門店があるということがおもしろかった。

②

同

164　第4章

③④

⑤ 隅田川は「バシ」は多いが「ハシ」は少ないといわれているようだ。江戸時代からあったのが、吾妻橋、両国橋、新大橋、永代橋。両国橋、新大橋、永代橋が作られたのは、1657年の大火で多くの犠牲者がでたからということ。しかし、この橋ができたことで人の行き来も多くなり、よりこのあたりが発展したのはまちがいない。12の橋が並ぶようにある景色はおもしろいし、橋の形や雰囲気も全て違う。このあたりが橋がかかって発展した江戸の姿は、現在では高層ビルが建ったり電車が通ったりと江戸時代では考えられないような景色に変わっている。当時華やかだっただろうこの場所も、少し離れた都心の陰に隠れるようでもある。水上バスで下ると様々な橋を下側から見ることができておもしろいが、水上バス自体観光目的とされたもののような気がしてなんだか興ざめでもある。

⑥ ⑦

⑫ 広さ約25万平方㍍を誇る日本庭園。元は将軍家の鷹狩場だったが、のちに松平綱重の下屋敷、徳川家宣の浜御殿、明治になると皇室の浜離宮となった。その後浜離宮恩賜庭園として公開される。
海水を引き入れた潮入の池があり、そこにはお伝い橋や中島の御茶屋がある。隅田川の河口近くにこのような庭園を作らなくても、水はたくさん見えるのにとも思うが、川の近くだからこそ贅沢に海水を引き入れることができるのか。
隅田川に沿うように日本的なものが残され、今でも見ることができるというのは、それだけ隅田川を中心に当時の日本に重要な多くのものが建てられた（作られた）ということだろうか。隅田川が当時、水上の便利さや人の集まる場所として賑やかで、その場所の価値も高かったのだろう。

歴史性と地域性から見た街並み景観　165

⑧

深川不動尊の前の通りは浅草の雰囲気に似ていると感じた。落ち着いていて庶民的な雰囲気である。すぐ近くに富岡八幡宮もあり、江戸のイメージが感じられる。深川江戸資料館は、江戸後期の深川佐賀町の町並を実物大に再現してあった。見学に行ったのが7月7日ということもあり、七夕の飾りの笹を中で見ることができたのはついていた。

長屋を覗くと暗いので驚いた。現在と違い電気がないので、部屋はわずかな灯りのぼんやりとした明るさで何もできそうにない。水辺に旅館があるというのは現在でもあると思うが、当時の中心とする交通機関が船ということもあるのだろう。駅の近くにホテルがあるのと似ている。いつでもこのような成り立ちの商売はあるのだと改めて思った。

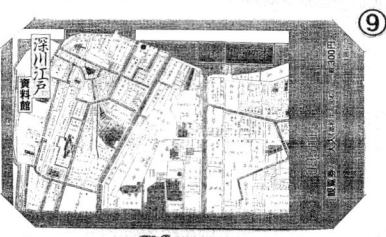

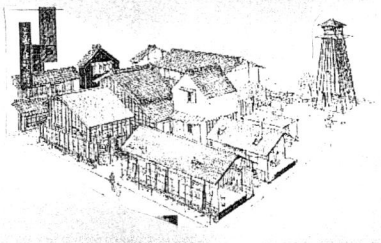

⑨

富岡八幡宮は、江戸時代に境内で相撲が行われていたことを記念して横綱力士碑があったり、名前が刻まれていたり、普通のお寺では見られないものがあり楽しめた。

飾られたお御輿も立派ですごいが、このあたりで行われる祭も壮大なものなのだろう。私が知る神社のお祭りは、わずかな催しが日本的な情緒を醸し出す程度で、メインは周りを囲むお店だったりすることが多い。しかし、このあたりはもっと江戸のように古い時代からのしきたりのようなものを守り、現在も受け継いで続けてきているように感じるのである。そのような市民の意識が他の地域と異なるところでこの地域の特徴でもあるように思う。

私はこのあたりを歩いたときに内館牧子さんのNHKのテレビ小説「ひらり」を思い出していた。

⑩

同

166　第4章

⑪

　食糧ビルは、昭和2年に建てられた中庭のある古い建物。ここが正米市場の本拠地だったそうだ。しかし現在は打って変わって作品を展示している。当時このような建物の様式はそれほど注目されるようなものではなかったのではないだろうか。しかし、今見ると半円にこだわった丸い線が妙に心を刺激する。ドアのグレーの色も良くて、住みたいとさえ思う。隅に置かれていたピンクの電話もカンガルーらしき動物が貼られていたのでついつい写真に収めてしまった。

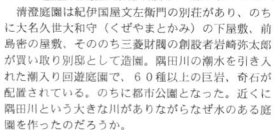

　清澄庭園は紀伊国屋文左衛門の別荘があり、のちに大名久世大和守（くぜやまとかみ）の下屋敷、前島密の屋敷、そののち三菱財閥の創設者岩崎弥太郎が買い取り別邸として造園。隅田川の潮水を引き入れた潮入り回遊庭園で、60種以上の巨岩、奇石が配置されている。のちに都市公園となった。近くに隅田川という大きな川がありながらなぜ水のある庭園を作ったのだろうか。
　当時の人はやはり日本の情緒を重んじていたのだろうか。現在の人はこれだけの土地があったらこのような庭園をはたして作るだろうか。水のある庭園は日本らしさを感じさせる景色でもある。少なくとも今よりは、昔の人は水のある場所をより日本的に日本らしく再現するように試みたのではないだろうか。現在の隅田川を下っても日本らしさに触れることは少なくなっているが、当時の隅田川付近は日本的なものが密集していたに違いない。水辺だからある日本的な様式の船や建物、橋、水辺だから生まれた食べ物、そこは日本の日本らしさを感じ取るには良い場所だったのだろう。現在では当時想像もつかなかっただろうほどに景色は変わり、近代化が著しく進む気配があるが、まだ江戸の日本的な雰囲気を感じ取れない程に変り果ててもいない。やはりこの場所には江戸のイメージと合致する何かがまだ存在しているように思うのである。

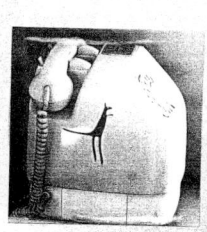

⑬

同

歴史性と地域性から見た街並み景観　167

り，親水空間を取り戻すために両岸にプロムナード，橋の整備が進み，水上バスが運行され，人々の意識の中に復権してきている。現在運行されている水上バスで，浅草吾妻橋から浜離宮恩賜庭園を巡るコースを行くと隅田川に架かる12の橋をくぐり，水上から両岸の水景を偲ぶことが出来る。

深川では，工場や倉庫の跡地にマンションが林立しているが，江戸時代には，各大名の物資を貯蔵する蔵屋敷として，近代には産業の基地として水運を活用してきた。明治には川や運河の水運が活用され，深川佐賀町周辺が米の流通の中心となり，様々な施設ができた。その歴史の記憶を留めるかつての東京米穀取引所である「食糧ビル」(昭和2年)が現存している。震災と戦災で焼失したこの地域の原風景を残すために，公開されている「深川江戸資料館」に足を運ぶと，原寸大で再現された空間に，江戸時代の風景と生活感を束の間味わうことができる。

3. まとめ

このように，実際に3地域を歩いてみると，東京は本来，自然や地形の条件を生かして巧妙に造られた，個性ある景観構造を持つ優れた都市であったことが身をもって感じ取れる。現在の東京で私たちが享受している都市環境の中には，江戸の街づくりが残してくれた財産が圧倒的に多いことに驚かされる。現代人はその財産すら機能性や経済性のために，浪費しつつあるという危機的状況もつかめてくる。ともすると現代と無関係に思われがちな江戸の歴史的構造を身近なものとして捉えることが出来る。古い建物は必ずしも残っていないが東京の至る所に歴史の年輪が刻まれ，様々な記憶が込められていることも理解出来る。

東京は新旧の要素が様々に交錯し混在する独特の都市構造を持って

いる。これまで私たちは，都市の変貌に眼を奪われがちであったが，自分たちの住む町や地域の成り立ちを改めて認識し直すことが必要である。

3地域の調査をまとめてみよう。江戸東京の変遷をたどると，歴史性，地域性がそこに生活する人々にも深く浸透していることわかる。時間軸と空間軸を読み解くように意識を高めて調査をすると，興味がつきない。各自の専攻により，都市を読み取る様々な鍵を発見することが出来るであろう。これらの調査中から自ら深く注視し，分析を重ねることを望みたい（図41）。

おわりに

バブル期には，都市デザインの分野でも表現の多様化が進んだが，結局は表層的なデザインへの展開に過ぎなかった。景観に取り組んでいることを過度に意識することで，対象物を必要以上にデザイン化する傾向も見られた。都市の特徴は，多種多様の人々が限られた地域，空間に集まり，都市の活動や生活を営んでいることにある。価値観が分散，多様化して，表現の自由度が高まった時代だからこそ，その集積のもとに状況を予測し，制御する視座が必要となっている。

東京の都市的状況は混沌（カオス）に近い。その景観は全く統一感を見せず，記号の洪水の様相を呈している。景観の混乱として批判を浴びつつ，記号論において再評価を受けたのも東京である。このような状況を容認し自らも混沌を助長するか，混沌の中に隠れている空間的秩序や調和を引き出す媒体を発見していくか，考えるべき時を迎えている。

また景観への取り組みは，住民運動から街並み保存，緑の保全等を契機に始まった側面がある。時代は変わり，住民運動もかつての抵抗型から参加型，創造型へと変わりつつある。各地で試みられている参

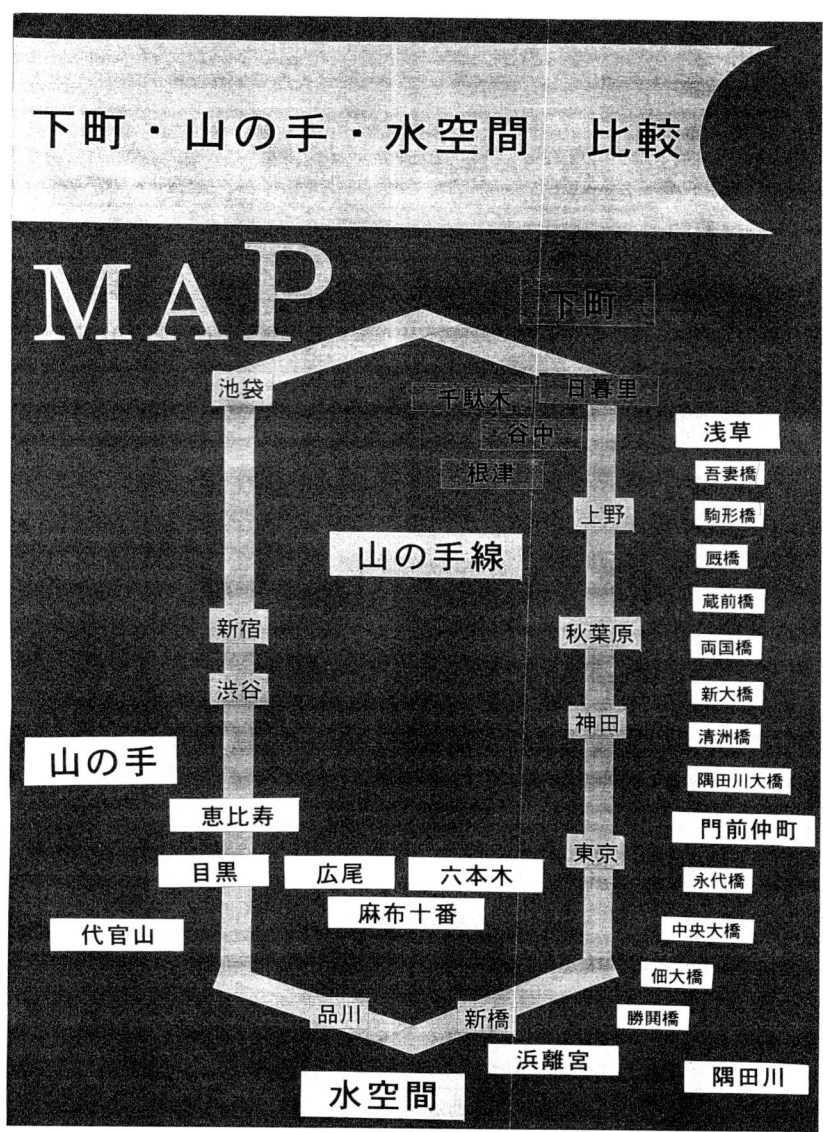

図 41. 3 地域の環境構成の比較

このグラフは、緑・建物・寺を取り上げて三地区で比較を試みたものである。グラフは、0から6段階まであり、6に近づくほど多いことを示す（0が最低値）。段階の決定は、実際の数より、歩いて私が感じたものと、地図の情報を参考にしている。

緑

下町6　山の手2　水空間3
　下町を6にした理由は、他の地区と比べて人工的な自然とは違う自然があり、（谷中霊園・根津神社等）、落ち着ける静かな空間が印象的だったからである。街全体も自然のある場所と全く違う空間ではなく、緑を感じられるように思う。
　実際に谷中は東京の平均二酸化炭素濃度0.062ppmに対して、0.020ppmと濃度と低く、このことからも緑の豊かさを感じることができる。

建物

下町2　山の手5　水空間4
　山の手が下町と対照的に高いのは、ガーデンプレイスのような都市山や大使館のような建物、代官山や六本木の建物と新しい建物の印象が強く、またそれらの建物がある場所は、高層ビルなども周りを囲んでおり、下町の代表的な長屋とは対照的〈新と古〉だとわかるためである。水空間は、範囲が広いため断定するのは難しいが、どちらの特徴も備えているようなので、中間のように思う。

寺

下町5　山の手2　水空間3
　下町がまた山の手と対照的に5を示すのかというと、まず谷中だけでも寺が70軒存在するということ。また、下町、山の手と街の印象を思い浮かべたときに、下町は寺が自然に浮かぶが、山の手は寺のイメージよりも大使館や買い物のできる場所といった印象が強い。地図上では、山の手の大使館と寺は意外と数あるが、下町にはやはり劣る。

歴史性と地域性から見た街並み景観

人

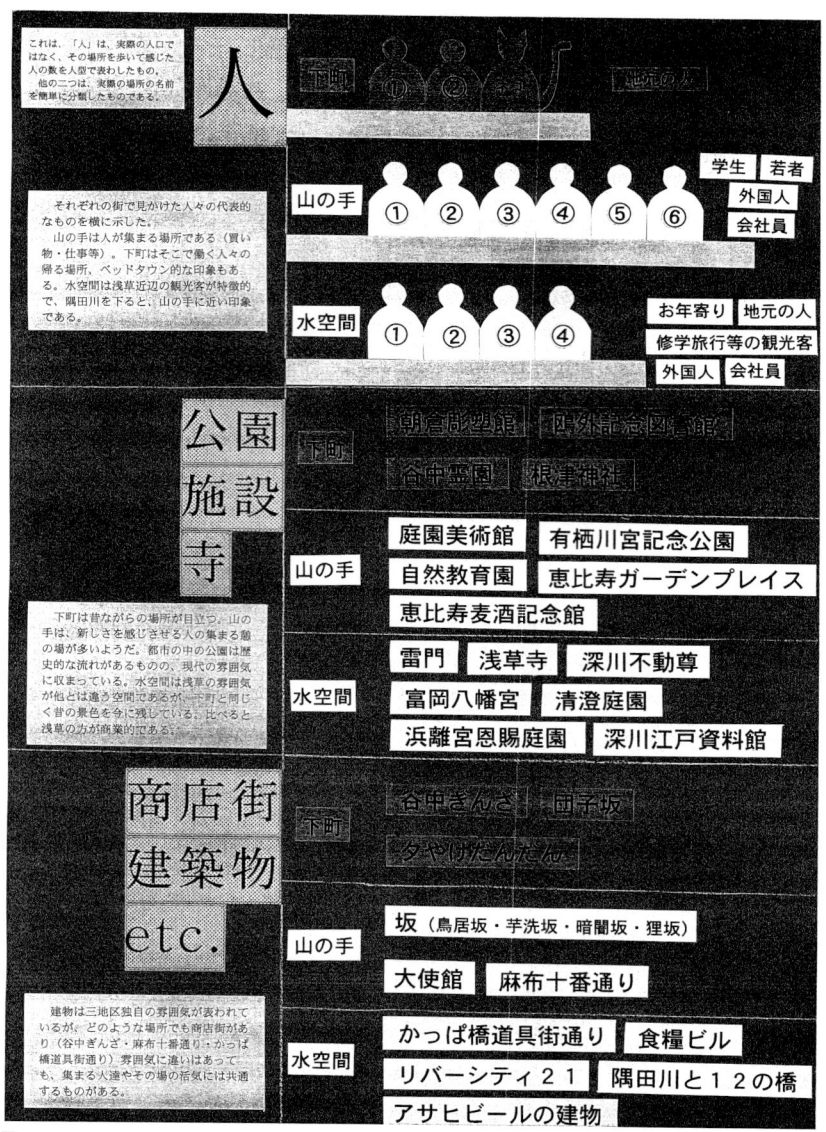

これは、「人」は、実際の人口ではなく、その場所を歩いて感じた人の数を人型で表わしたもの。他の二つは、実際の場所の名前を簡単に分類したものである。

山の手	① ② ③ ④ ⑤ ⑥	学生／若者／外国人／会社員
水空間	① ② ③ ④	お年寄り／地元の人／修学旅行等の観光客／外国人／会社員

それぞれの街で見かけた人々の代表的なものを横に示した。
山の手は人が集まる場所である。（買い物・仕事等）。下町はそこで働く人々の帰る場所、ベッドタウン的な印象もある。水空間は浅草近辺の観光客が特徴的で、隅田川を下ると、山の手に近い印象である。

公園 施設 寺

下町	朝倉彫塑館／四×記念図書館／谷中霊園／根津神社
山の手	庭園美術館／有栖川宮記念公園／自然教育園／恵比寿ガーデンプレイス／恵比寿麦酒記念館
水空間	雷門／浅草寺／深川不動尊／富岡八幡宮／清澄庭園／浜離宮恩賜庭園／深川江戸資料館

下町は昔ながらの場所が目立つ。山の手は、新しさを感じさせる人の集まる憩の場が多いようだ。都市の中の公園は歴史的な流れがあるものの、現代の雰囲気に収まっている。水空間は浅草の雰囲気が他とは違う空間であるが、下町と同じく昔の景色を今に残している。比べると浅草の方が商業的である。

商店街 建築物 etc.

下町	谷中ぎんざ／団子坂／夕やけだんだん
山の手	坂（鳥居坂・芋洗坂・暗闇坂・狸坂）／大使館／麻布十番通り
水空間	かっぱ橋道具街通り／食糧ビル／リバーシティ２１／隅田川と１２の橋／アサヒビールの建物

建物は三地区独自の雰囲気が表われているが、どのような場所でも商店街があり（谷中ぎんざ・麻布十番通り・かっぱ橋道具街通り）雰囲気に違いはあっても、集まる人達やその場の活気には共通するものがある。

このグラフは、右と左に対照的な単語があり、その単語どちらに近いかを表わしたもの。中央は0でそれぞれ右左1、2、3と段階があり、3に近づくほど最もその単語に近い状態を表わしている。
左側の単語は都市的・近代的なイメージの単語を、右側の単語は庶民的・古風なイメージの単語を並べてある。

山の手＝○　水空間＝●

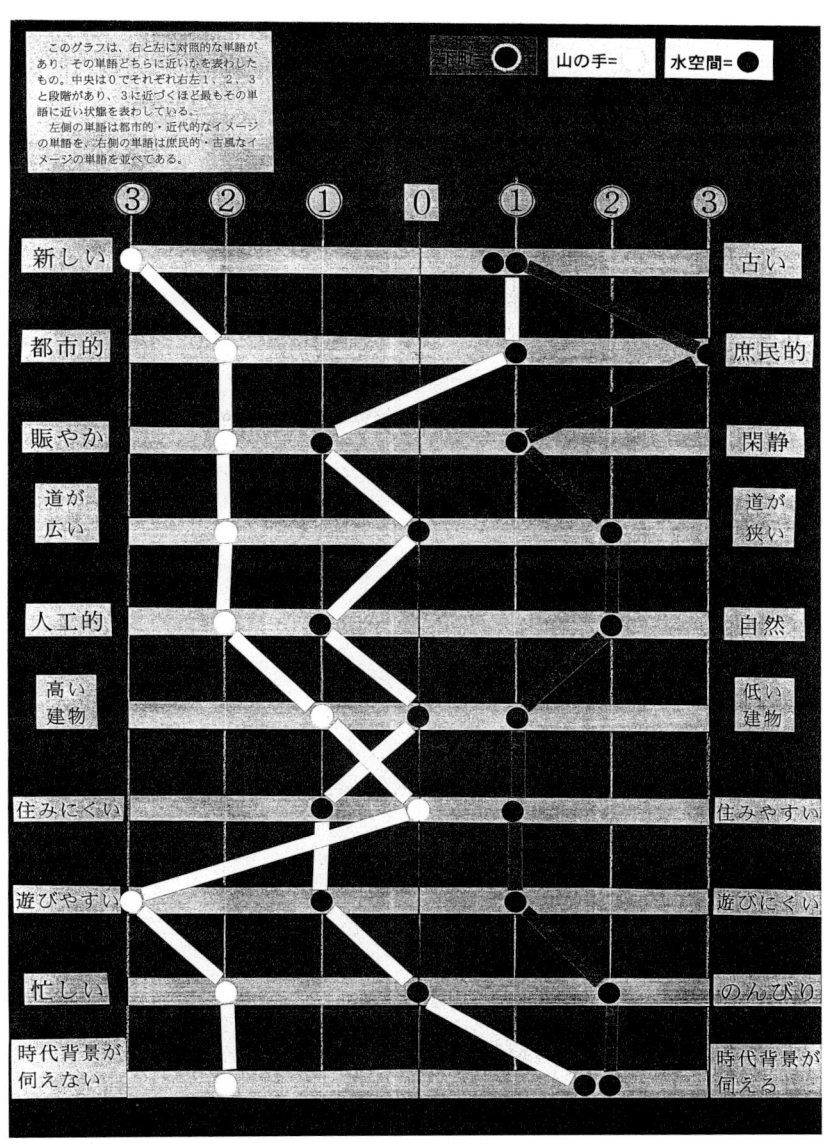

③　②　①　0　①　②　③

新しい — 古い
都市的 — 庶民的
賑やか — 閑静
道が広い — 道が狭い
人工的 — 自然
高い建物 — 低い建物
住みにくい — 住みやすい
遊びやすい — 遊びにくい
忙しい — のんびり
時代背景が伺えない — 時代背景が伺える

同　●図38〜41　制作：小野真理紗

歴史性と地域性から見た街並み景観　173

加型のワークショップは，地域生活の中で育まれた提案として捉えられるものであり，日常から切り離された専門家のデザインと異なり，街づくりやデザインの質も異なったものとなるであろう。

　現在，私たちの住む都市は急激な変貌を強いられている。その中で，変わらないものと変えなければならないものを発見するとともに，その背景の意味を理解する必要があろう。本稿が各自の発見の一助となることを望みたい。

　本稿に掲載した事例作品は，武蔵野美術大学短期大学部生活デザイン科専攻科卒業生である小野真理紗さんの協力に負うところが大きく，深く感謝したい。

●参考文献

中尾早苗「色彩からみた街並み景観の構成に関する考察」(東京芸術大学大学院博士論文，1991年)

『日本の都市環境デザイン——1985〜1995』(都市環境デザイン会議編，学芸出版社，1996年)

増田史男『日本の町なみデザイン——建築文化遺産』(グラフィック社，1998年)

『歴史的集落・町並みの保存——重要伝統的建造物群保存地区ガイドブック』(文化庁編，第一法規出版，2000年)

川添登『東京の原風景——都市と田園との交流』(日本放送出版協会，1979年)

樋口忠彦『日本の景観——ふるさとの原型』(春秋社，1981年)

『建築・都市計画のための調査・分析方法』(日本建築学会編，井上書院，1987年)

槇文彦『記憶の形象——都市と建築との間で』(筑摩書房，1992年)

陣内秀信『東京の空間人類学』(筑摩書房，1985年)

陣内秀信＋法政大学・東京のまち研究会『江戸東京のみかた調べかた』(鹿島出版会，1989年)

陣内秀信『世界の都市の物語12　東京』(文藝春秋，1992年)

藤森照信『看板建築』(三省堂，1988年)

正井泰夫監修『江戸東京大地図——地図でみる江戸東京の今昔』(平凡社，1993年)

吉原健一郎＋俵元昭監修『江戸東京重ね地図——安政三年1856度実測復元地図』(エーピーピーカンパニー，2001年)

江戸のある町・上野・谷根千研究会『新編・谷根千路地事典』(住まいの図書館出版局，1995年)

森まゆみ『谷中スケッチブック——心やさしい都市空間』(ちくま文庫，1994年)

松葉一清『現代建築ポスト・モダン以後』(鹿島出版会，1991年)

●著者略歴
田村裕(たむら・ゆたか)
1953年生まれ。79年武蔵野美術大学大学院造形研究科デザイン専攻修了。主に近代日本デザイン史を研究。卒業後，総合企画プロデュース会社，出版社を経て編集プロダクションに勤務。85年企画・編集プロダクション(株)オム設立。取締役として現在に至る。91年4月～01年3月まで，武蔵野美術大学短期大学部生活デザイン科非常勤講師。

臼井新太郎(うすい・しんたろう)
1971年神奈川県生まれ。97年武蔵野美術大学大学院造形研究科デザイン専攻修了。近・現代の日本デザイン史を調査，研究。現在は人文書出版社の批評社に勤務，同社の書籍編集および装幀を中心に活動。

中尾早苗(なかお・さなえ)
1991年東京芸術大学大学院博士課程美術研究科(環境デザイン専攻)修了。学術博士。主なテーマは景観研究，環境計画。同年より武蔵野美術大学短期大学部生活デザイン科講師を経て現在に至る。

デザインリサーチ

2002 年 4 月 1 日初版第 1 刷発行
2007 年 2 月 28 日初版第 2 刷発行

著者：田村裕＋臼井新太郎＋中尾早苗

編集・制作：武蔵野美術大学

図版制作協力：小野真理紗

編集協力：近藤理恵

表紙デザイン：山口デザイン事務所

発行所：株式会社武蔵野美術大学出版局
180-8566　東京都武蔵野市吉祥寺東町 3-3-7
phone：0422-23-0810

印刷・製本：株式会社精興社

落丁・乱丁本はお取り替えいたします

© Yutaka Tamura＋Shintaro Usui＋Sanae Nakao　2002

ISBN4-901631-38-1 C3070